中等职业教育国家规划教材
全国中等职业教育教材审定委员会审定

机 械 制 图

（少学时）

第 2 版

主编　文　珈
参编　沈　冬　孔晓林　于　杰　蔺智勇
主审　陈树国

机 械 工 业 出 版 社

本书是教育部组织编写的国家规划教材，是在第 1 版教材的基础上，根据中等职业学校非机械类专业的课程教学改革需求，按照教育部最新颁布的机械制图教学大纲的要求，并严格遵守最新的机械制图国家标准编写而成的。本书保持了第 1 版教材简洁精炼的特点，主要内容包括机械制图基本知识和技能、机械制图投影基础、几何体表面的交线、组合体、图样表达方式、标准件和常用件、零件图和装配图。

本书配有配套的《机械制图习题集（少学时）》（第 2 版）。习题集从教学环节、教学内容的安排和选择上与本书相辅相成，突出了中等职业教育的特色。

本书适用于中等职业学校非机械类各专业，也可供相关工程技术人员参考。

图书在版编目（CIP）数据

机械制图：少学时/文珈主编. —2 版. —北京：机械工业出版社，2011.9（2021.8 重印）
中等职业教育国家规划教材
ISBN 978-7-111-35493-2

Ⅰ.①机… Ⅱ.①文… Ⅲ.①机械制图-中等专业学校-教材 Ⅳ.①TH126

中国版本图书馆 CIP 数据核字（2011）第 153560 号

机械工业出版社（北京市百万庄大街 22 号　邮政编码 100037）
策划编辑：王佳玮　责任编辑：黎　艳　王佳玮　版式设计：霍永明
责任校对：闫玥红　封面设计：姚　毅　责任印制：常天培
北京中科印刷有限公司印刷
2021 年 8 月第 2 版第 8 次印刷
184mm×260mm · 8.5 印张 · 206 千字
12801—14300 册
标准书号：ISBN 978-7-111-35493-2
定价：23.00 元

电话服务　网络服务
客服电话：010-88361066　机 工 官 网：www.cmpbook.com
010-88379833　机 工 官 博：weibo.com/cmp1952
010-68326294　金 书 网：www.golden-book.com

机工教育服务网：www.cmpedu.com

中等职业教育国家规划教材出版说明

为了贯彻《中共中央国务院关于深化教育改革全面推进素质教育的决定》精神，落实《面向21世纪教育振兴行动计划》中提出的职业教育课程改革和教材建设规划，根据教育部关于《中等职业教育国家规划教材申报、立项及管理意见》（教职成［2001］1号）的精神，我们组织力量对实现中等职业教育培养目标和保证基本教学规格起保障作用的德育课程、文化基础课程、专业技术基础课程和80个重点建设专业主干课程的教材进行了规划和编写，从2001年秋季开学起，国家规划教材将陆续提供给各类中等职业学校选用。

国家规划教材是根据教育部最新颁布的德育课程、文化基础课程、专业技术基础课程和80个重点建设专业主干课程的教学大纲编写，并经全国中等职业教育教材审定委员会审定通过。新教材全面贯彻素质教育思想，从社会发展对高素质劳动者和中初级专门人才需要的实际出发，注重对学生的创新精神和实践能力的培养。新教材在理论体系、组织结构和阐述方法等方面均作了一些新的尝试。新教材实行一纲多本，努力为教材选用提供比较和选择，满足不同学制、不同专业和不同办学条件的教学需要。

希望各地、各部门积极推广和选用国家规划教材，并在使用过程中，注意总结经验，及时提出修改意见和建议，使之不断完善和提高。

教育部职业教育与成人教育司

第2版前言

本书是中等职业教育国家规划教材。本次修订是适应《国家中长期教育改革和发展规划纲要》的要求，以现阶段中等职业学校非机械类各专业的课程教学改革的需求为基础进行的。本次修订保持了原书“以读图为主，画图为辅”的编写特点，并对原有的内容进行了适当调整，具体改动之处为：

1. 本书与国家标准《技术制图》、《机械制图》，以及其他与机械制图相关的国家标准同步。凡涉及标准更新的部分，都进行了相应的改动。

2. 重组内容，慎重取舍或增删。本书内容更新，结构更优化，更换或添加了部分图例。

3. 将原第二章“机械制图投影基础”与原第三章“轴测图”进行了合并，依然保持了原有内容的深度和广度，增加了部分例题和讲解，突出了应用能力的培养。

4. 本书第三章在保持基本内容不变的基础上，增加了“截交线的形式”等综合图例，方便学习。第四章采用了新的图例，力求图形更贴近生产实际。

5. 本书对投影、视图、剖视图、断面图和轴测图等相关术语、定义均按新的制图国家标准统一表述。对第六章“标准件和常用件”、第七章“零件图”和第八章“装配图”等内容所涉及的国家标准，则参照最新国家标准进行了修改，并增加了部分图样。

6. 考虑到工程制图领域的广泛性和专业性，删去了原书的表面展开图、焊接图、房屋建筑图和电子电路图等选学内容，突出了机械制图的专业特点。

本次修订由文珈主编并统稿。具体参加修订的人员有：北京市电子科技职业学院机械工程学院孔晓林（第一、八章），北京市电子科技职业学院机械工程学院于杰、蔺智勇（第二、三章），北京市电子科技职业学院机械工程学院文珈（第四、五章），北京市自动化工程学校沈冬（第六、七章，附录）。

本书由第1版主编重庆工业职业技术学院陈树国主审。他对本书提出了许多宝贵意见，对提高本次修订工作的质量提供了很多帮助，在此，全体参编人员深表感谢。

由于编者水平有限，书中难免存在缺点与不足，恳请广大读者批评指正。

编　者

第1版前言

为贯彻教育部深化中等职业教育教学改革意见精神，从培养与我国社会主义现代化建设要求相适应，德智体美全面发展，具有综合职业能力，在生产、服务、技术和管理第一线工作的高素质劳动者和中初级专门人才目标要求出发，机械工业职业教育制图学科组根据教育部2000年新颁布的教学大纲，组织编写了中等职业学校以三年制为主（含四年制）的少学时（非机械类）各专业适用的机械制图教材和习题集。

编写原则为：全书以读图为主，画图为辅；合理定位读图难度及手工制图的图面质量要求；基础知识面宽而浅，动手、动脑能力训练不能减，但在零件图、装配图等章节，无论是内容还是深度与传统的工程制图相比，都作了较大的精减尝试。

本教材不包含计算机绘图内容。第十章选学内容各节，各校可根据专业设置的需要决定对内容进行取舍，以有利于实行灵活的教学安排。

参加本教材编写的有：重庆工业职业技术学院陈树国（绪论、第四、八、九章）；内蒙古轻工业学校罗桂江（第五、六章和第十章第一节）；无锡职业技术学院孙燕华（第二、三章和第十章第二节）；北京机械工业学校韩素梅（第一、七章和第十章第四节）、文珈（第十章第三节）。

全书由陈树国担任主编；由机械工业职业教育制图学科组组长、福建高级工业专门学校任志聪担任主审。之后又经机械工业职业教育基础课教学指导委员会制图学科组沈阳会议审定。除编者外，到会审定的代表还有：广东顺德职业技术学院姜蕙、广东省机械学校江丽珍、安徽省芜湖机械学校邹维刚、广西机电职业技术学院梁必强、深圳市工业学校劳政玲、湖南工业职业技术学院皮智谋、陕西工业职业技术学院吕守祥、山西省机械工业学校黄向裕、无锡无线电工业学校尤辛基、福建高级工业专门学校陈建华、重庆涪陵工业学校姚成强、沈阳机电工业学校刘宏军、赵红。与会代表给本书提出了宝贵意见，在此，一并表示衷心感谢。

由于水平有限，书中还有不足之处，恳请广大读者批评指正。

编　者

目录

绪　论

一、图样在生产中的作用

根据投影原理，按照制图标准规定及必须的技术要求绘制的工程图样简称图样。

图样是工程技术人员的公共语言，是人与人、企业与企业、国与国之间交流技术思想的重要工具。现代化工业产品的设计、制造施工、校验、安装、使用与维护等，都需要图样才能实现，所以图样是现代化工业生产中重要的技术文件。

二、本课程的性质和任务

机械制图是一门实践性强的技术基础课。

本课程的学习任务：

1）培养一定的空间想象和思维能力，养成认真负责的工作态度。

2）掌握绘制、识读图样的基础理论和基本方法。

3）学会徒手绘制轴测图的技能，为本专业后续课程的学习和工作实践打下基础。

三、本课程的主要内容

根据培养目标和专业教学计划要求，本课程主要内容有以下三大部分：

1）机械制图基本知识和技能。该部分包含制图国家标准的一般规定，手工制图仪器和工具的使用方法，以及常用的几何作图方法等。

2）投影作图基础。该部分包含投影基础、几何体的三视图画法、轴测图的画法、几何体的表面交线、组合体等。

3）机械工程图。该部分包含表达方法、零件图、标准件常用件、装配图等。

本书未编入计算机绘图内容，但读者应重视这方面的知识和能力训练。由于计算机绘图技术的普及，计算机绘图已代替手工绘图，成为产品设计的新方式。

第一章　机械制图基本知识和技能

图样是现代生产中的重要技术文件。为了有利于生产和促进技术思想的交流，在绘制机械图样时，必须严格遵守机械制图国家标准中的有关规定。

正确使用绘图工具和仪器，掌握正确的绘图方法和步骤。

第一节　机械制图的基本规定

一、技术制图图纸幅面和格式（GB/T 14689—2008）

为了合理使用图纸和便于装订、保管，国家标准《技术制图　图纸幅面和格式》对图纸幅面尺寸和图框格式等作了统一规定。

1. 图纸幅面尺寸

绘制图样时，应首先采用表 1-1 中规定的五种基本幅面尺寸，其尺寸关系见图 1-1，必要时，也允许选用国家标准中规定的加长幅面。

表 1-1　图纸幅面及图框尺寸

（单位：mm）

幅面代号	A0	A1	A2	A3	A4
$B\times L$	841 ×1189	594 ×841	420 ×594	297 ×420	210 ×297
a	25				
c	10			5	
e	20		10		

注：表中 a、c、e 为周边尺寸，参见图 1-2、图 1-3。

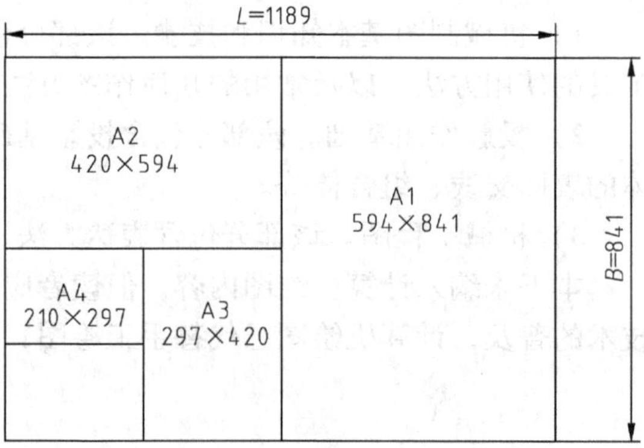

图 1-1　五种基本幅面的尺寸关系

2. 图框格式

在图纸上必须用粗实线画出图框，其格式分为不留装订边和留有装订边两种。但同一产品的图样只能采用一种格式。见图 1-2、图 1-3，其尺寸见表 1-1。

3. 标题栏

在每张图纸的右下角应画出标题栏，国家标准《技术制图　标题栏》（GB/T 10609.1—2008）对标题栏的格式和尺寸作了规定，建议生产中使用。学生作业的标题栏可由学校自定。图 1-4、图 1-5 所示的格式可供参考。

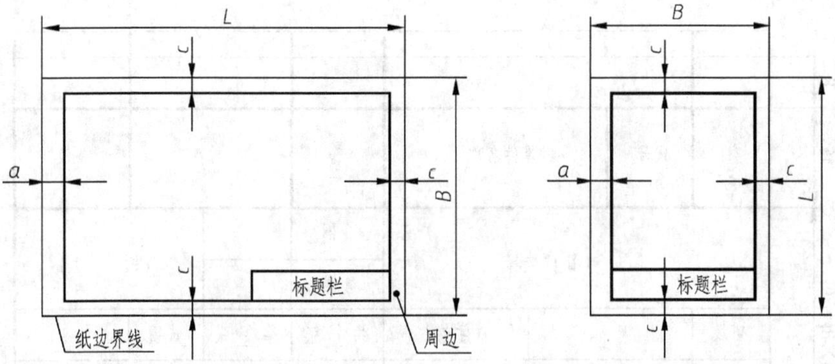

图 1-2　保留装订边的图框格式

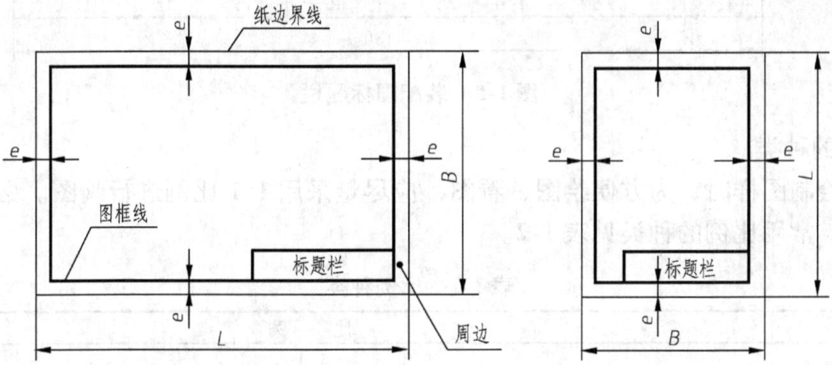

图 1-3　不保留装订边的图框格式

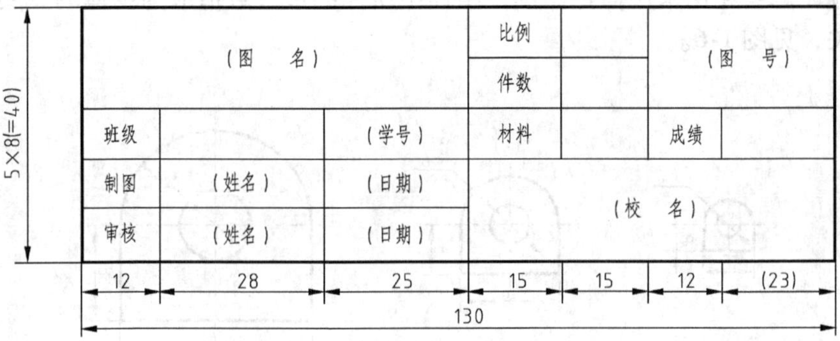

图 1-4　零件图标题栏

二、技术制图比例（GB/T 14690—1993）

图样的比例是指图与物相应要素的线性尺寸之比。

1. 比例的符号及其表示法

比例符号为“:”。比例表示方法如 1:1，1:2，5:1 等。比例一般应标注在标题栏中的比例栏内。必要时，也可按国家标准规定注写在视图下方或右侧。

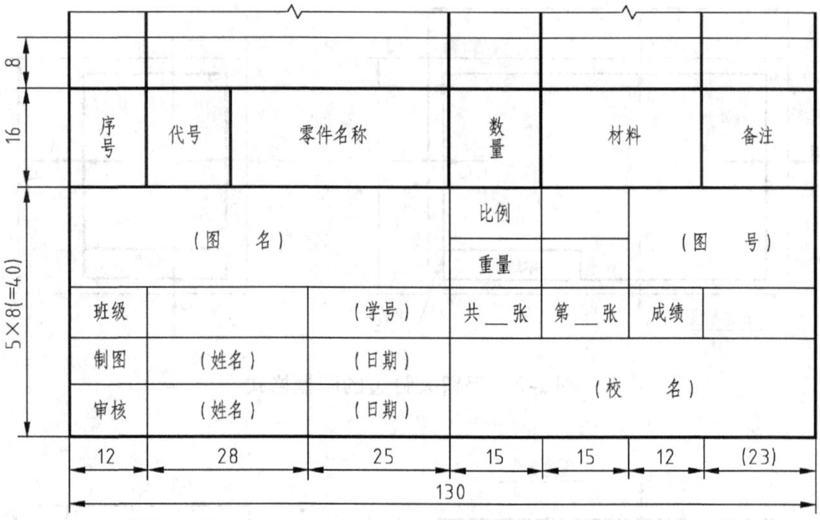

图 1-5　装配图标题栏

2. 比例的种类

按比例绘制图样时，为方便绘图、看图，应尽量采用1∶1比例进行画图。必要时也可选择常用比例，常用比例的种类见表1-2。

表 1-2　比例种类

种　类	比　例					
原值比例	1∶1					
放大比例	5∶1	5×10^n∶1	2∶1	2×10^n∶1	1×10^n∶1	
缩小比例	1∶2	1∶2×10^n	1∶5	1∶5×10^n	1∶10	1∶1×10^n

使用中应注意：无论采用何种比例，图样中所注的尺寸数值应为物体的真实大小，与图形的比例无关，见图1-6。

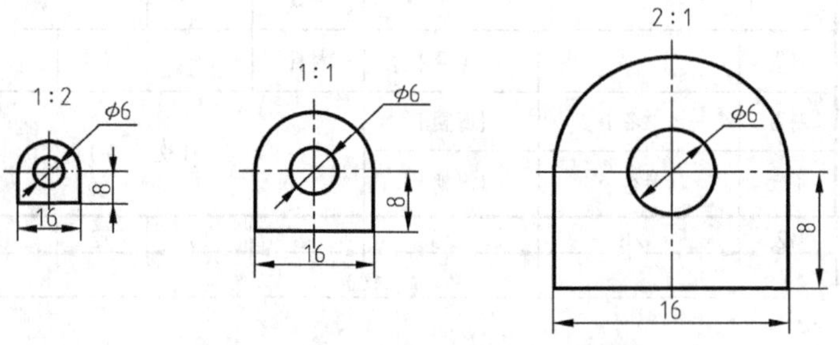

图 1-6　尺寸数值与图形比例无关

三、技术制图字体（GB/T 14691—2005）

图样上和技术文件书写字体必须做到：字体工整、笔画清楚、间隔均匀，排列整齐。

字体高度即为字体的号数，用 h 表示。字体高度的公称尺寸系列为：1.8mm，2.5mm，3.5mm，5mm，7mm，10mm，14mm，20mm。如果需要书写更大的字，其字体高度应按$\sqrt{2}$的比率递增。

1. 汉字

汉字应写成长仿宋体字（直体），并应采用国家正式公布的简化汉字。汉字高度不应小于3.5mm，其字宽一般为$h/\sqrt{2}$。

长仿宋体汉字的书写示例见图1-7。

10号字

字体工整　笔画清楚　间隔均匀　排列整齐

7号字

横平竖直　注意起落　结构匀称　填满方格

汉字应写成长仿宋体字并采用国家正式公布的简化汉字

5号字

机械制图细线画法剖面符号专业技能工程技术表面粗糙度极限与配合

3.5号字

国家标准《技术制图》是一项基础技术标准国家标准《机械制图》是机械专业制图标准

图1-7　汉字书写示例

2. 字母和数字

字母和数字分A型和B型。A型字体的笔画宽度$d=h/14$；B型字体的笔画宽度$d=h/10$。字母和数字可写成斜体和直体。斜体字头向右倾斜，与水平线成75°。

拉丁字母书写示例见图1-8。汉语拼音与拉丁字母的书写方法相同。

图1-8　拉丁字母书写示例

阿拉伯数字书写示例见图1-9。

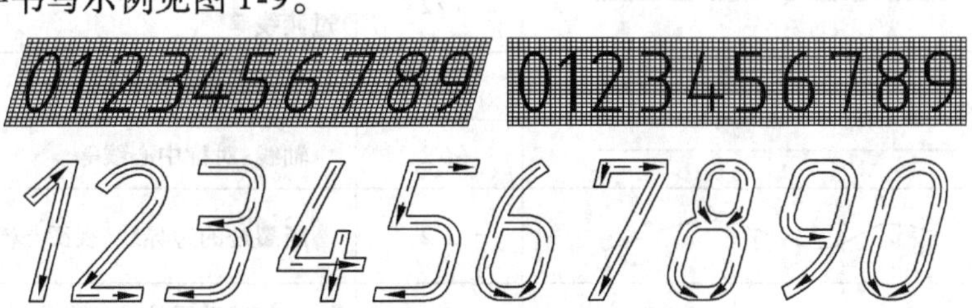

图1-9　阿拉伯数字书写示例

罗马数字书写示例见图 1-10。

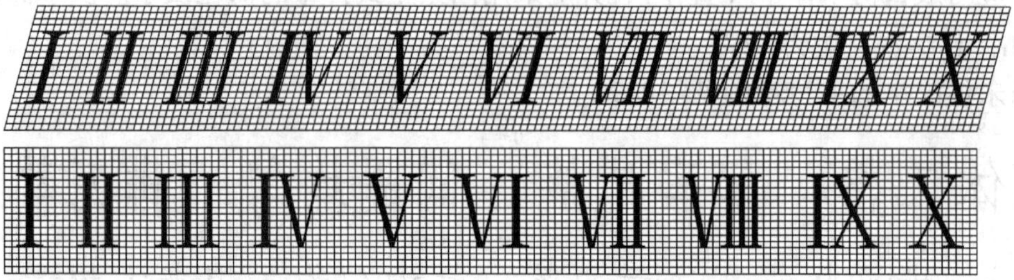

图 1-10　罗马数字书写示例

希腊字母书写示例见图 1-11。

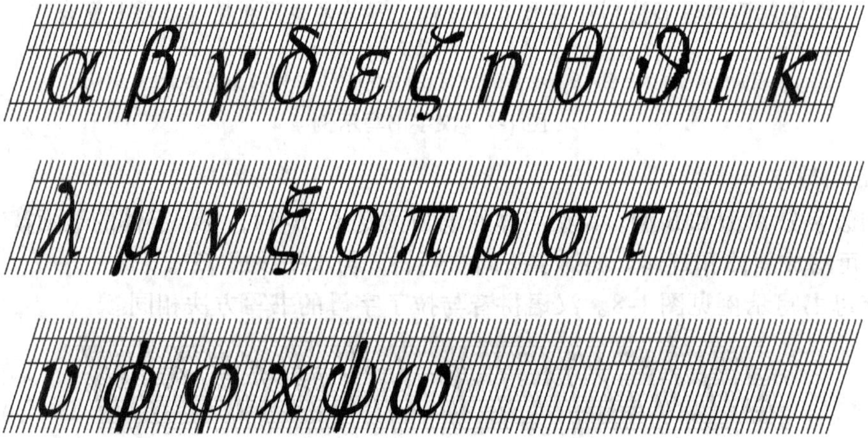

图 1-11　希腊字母书写示例

四、机械制图图线（GB/T 4457.4—2002）

1. 图线形式及应用

图样的图形是由各种图线构成的，国家标准《机械制图　图样画法　图线》规定了各种图线的名称、形式、代号、宽度等。各种线型及应用见表 1-3。

表 1-3　线型及应用（摘自 GB/T 4457.4—2002）

图线名称	图 线 形 式	图线宽度	应用举例
粗实线		d	可见轮廓线等
细实线		$d/2$	尺寸线、尺寸界线、剖面线、重合断面轮廓线、过渡线等
细虚线		$d/2$	不可见轮廓线等
细点画线		$d/2$	轴线、对称中心线等
波浪线		$d/2$	断裂处的边界线、视图与剖视图的分界线
细双点画线		$d/2$	相邻辅助零件的轮廓线、轨迹线、中断线等

（续）

图线名称	图 线 形 式	图线宽度	应用举例
双折线		$d/2$	同波浪线
粗虚线		d	允许表面处理的表示线
粗点画线		d	限定范围表示线

应用示例，如图 1-12 所示。

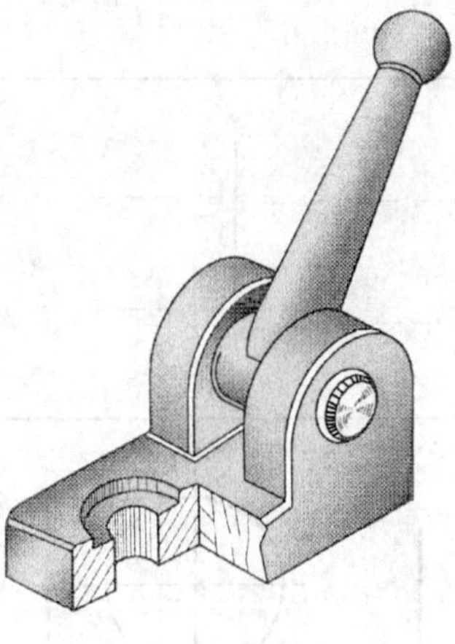

a)

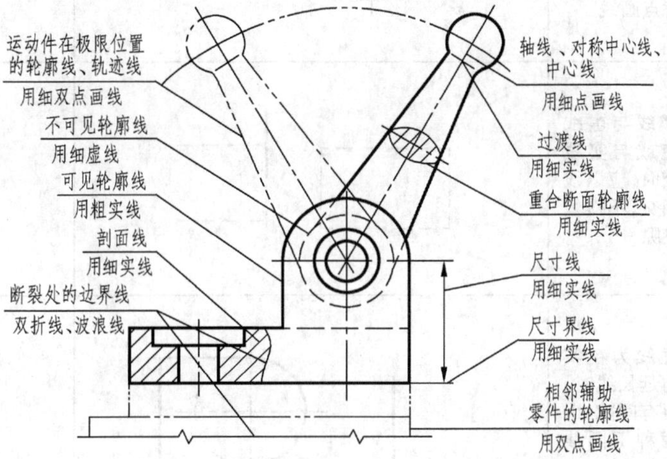

b)

图 1-12　各种线型应用示例

a）轴测图　b）投影图

2. 图线宽度

绘制工程图样时，图线宽度应在下面系列中选择：0.13、0.18、0.25、0.35、0.5、0.7、1、1.4、2，单位为毫米（mm）。在绘制图样时应根据图幅的大小、图样的复杂程度等因素综合考虑选定粗实线的宽度，粗实线宽度建议采用 0.5mm 或 0.7mm。

3. 图线应用注意事项

1）一张图样中的同类图线宽度应基本一致。虚线、点画线及双点画线的线段长度和间隔应各自大致相等。

2）其他注意事项见表 1-4。

表 1-4　绘制图线的注意事项

要　求	图　例	
	正　确	错　误
点画线的首末两端应是线段，相交应是长画线相交		

（续）

要求	图例	
	正确	错误
画圆的中心线时，点画线应超出圆轮廓线3～5mm，当圆的直径较小时，允许用细实线代替点画线	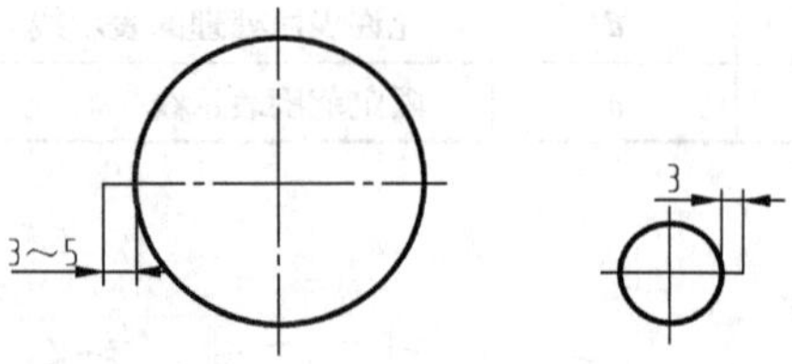	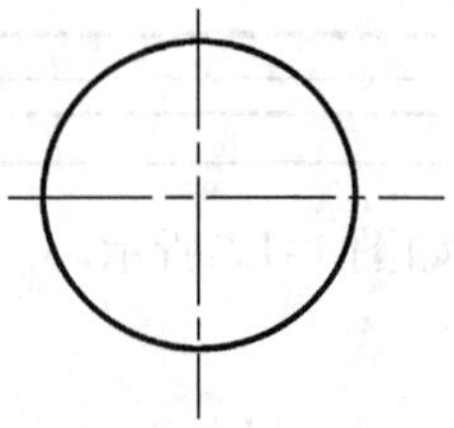
虚线与虚线相交或与实线相交时，应以线段相交，不得留有空隙	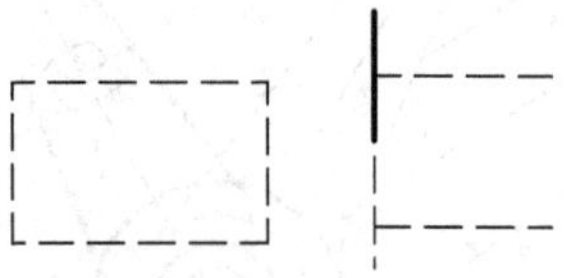	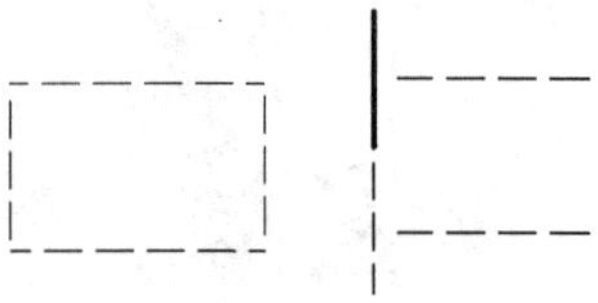
虚线为粗实线的延长线时，应留有间隙，以示两种不同线型的分界线	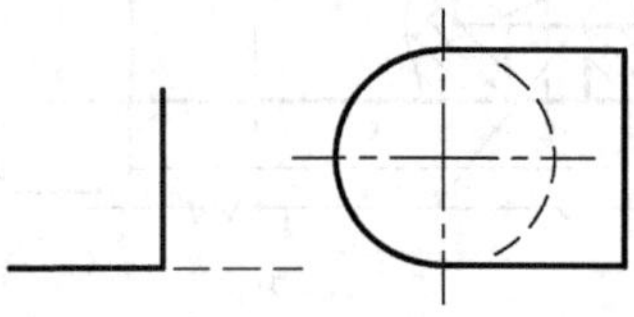	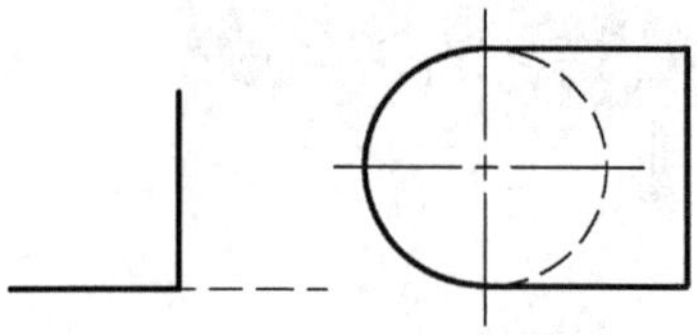

五、机械制图尺寸注法（GB/T 4458.4—2003）

1. 基本规则

1）机件的真实大小应以图样所注尺寸数字为依据，与图形大小及绘图准确度无关。

2）图样中线性尺寸以毫米为单位，此时不需注写计量单位的代号和名称。若采用其他单位，则必须注明。

3）机件上每一尺寸，只标注一次，并应标注在反映该结构最清晰的图形上。

4）标注尺寸时应尽可能使用符号和缩写词，见表1-5。

表1-5　标注尺寸的符号及缩写词

序号	含　义	符号或缩写词	序号	含　义	符号或缩写词	序号	含　义	符号或缩写词
1	直径	ϕ	6	均布	EQS	11	埋头孔	⌵
2	半径	R	7	45°倒角	C	12	弧长	⌒
3	球直径	$S\phi$	8	正方形	□	13	斜度	∠
4	球半径	SR	9	深度	↧	14	锥度	◁或▷
5	厚度	t	10	沉孔或锪平	⌴	15	型材截面形状	（按GB/T 4656.1—2000）

2. 尺寸的组成

尺寸由尺寸界线、尺寸线、尺寸数字和箭头组成（图 1-13）。

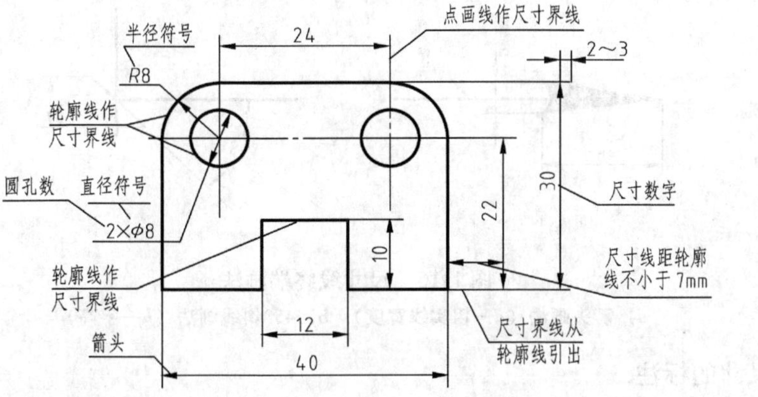

图 1-13　尺寸的组成与标注

（1）尺寸界线　表示所注尺寸的范围，用细实线绘制，并从图中的轮廓线、轴线、对称中心线引出。也可利用轮廓线、轴线、对称中心线作尺寸界线。

（2）尺寸线　用细实线绘制，表示尺寸量度方向。标注线性尺寸时，尺寸线必须与所标注的线段平行。尺寸线不得用其他图线代替，也不得与其他图线重合或在其延长线上。

（3）尺寸数字　表示所注机件尺寸的实际大小。线性尺寸的数字一般注在尺寸线上方，也可注在尺寸线中断处。但同一张图样中标注形式应尽量统一，见图 1-14。图中所注尺寸数字不允许任何图线通过，当不可避免时，必须把图线断开，见图 1-15。

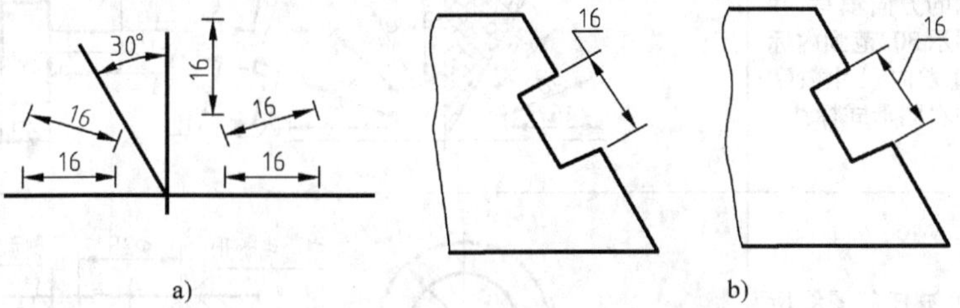

a)　　　　b)

图 1-14　线性尺寸数字的注写方向

a）沿圆周方向尺寸数字注写　b）倾斜尺寸注写

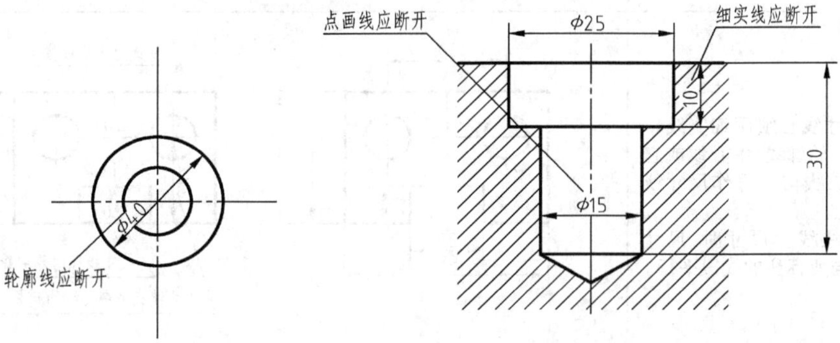

图 1-15　尺寸数字不允许任何图线通过

（4）箭头　尺寸线的终端形式，也可以用斜线形式。若采用斜线形式，尺寸线与尺寸界线必须相互垂直。同一张图样只能采用一种形式。其画法见图 1-16。

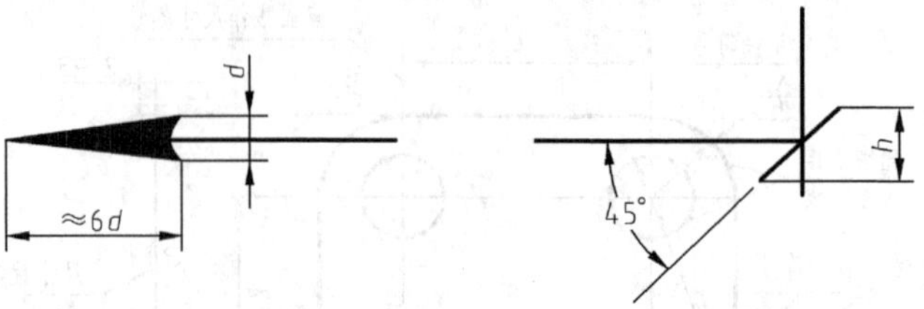

a)　　　　b)

图 1-16　尺寸线终端画法

a）箭头画法（d—粗实线宽度）　b）45°斜线画法（h—字高）

3. 常用尺寸的标注

常用尺寸的标注方法见表 1-6。

表 1-6　常用尺寸的标注方法

项目	说　明	图　例
尺寸数字	1. 线性尺寸的数字一般注在尺寸线的上方，也允许填写在尺寸线的中断处	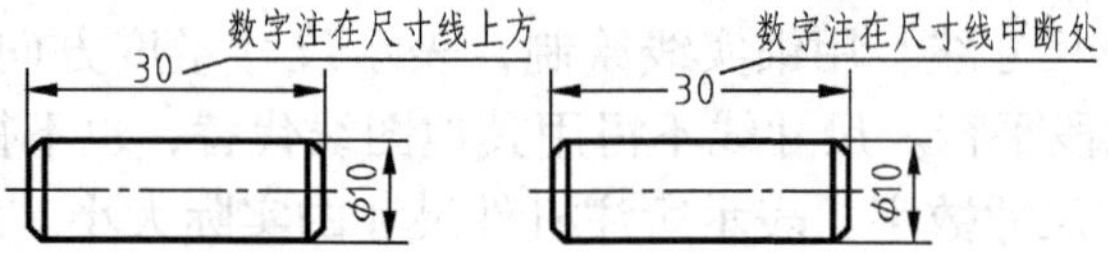
	2. 线性尺寸的数字应按右栏中左图所示的方向填写，并尽量避免在图示 30°范围内标注尺寸。竖直方向尺寸数字也可按右栏中右图形式标注	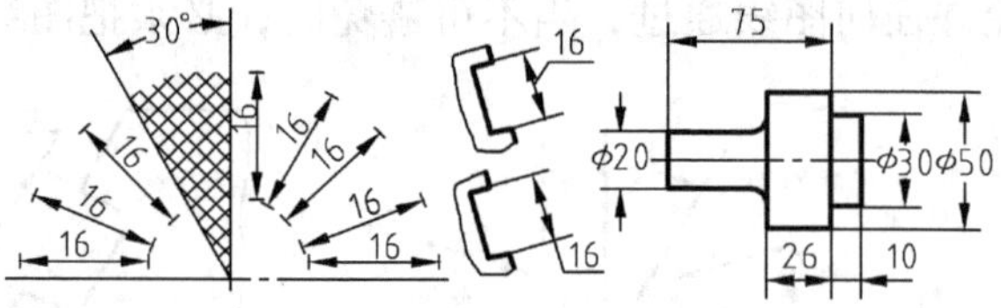
	3. 数字不可被任何图线所通过。当不可避免时，图线必须断开	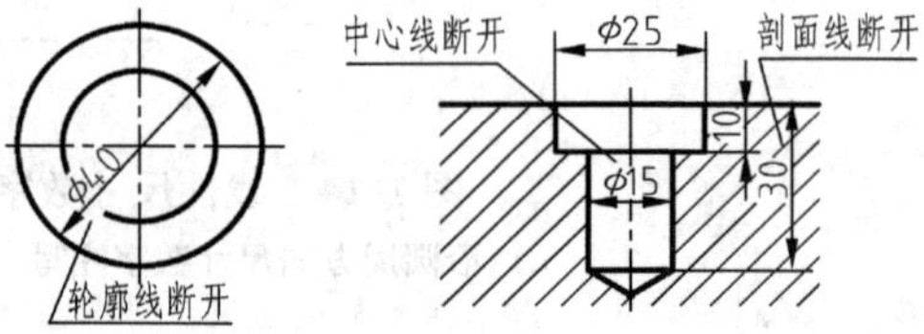
尺寸线	1. 尺寸线必须用细实线单独画出。轮廓线、中心线或它们的延长线均不可作尺寸线使用 2. 标注线性尺寸时，尺寸线必须与所标注的线段平行	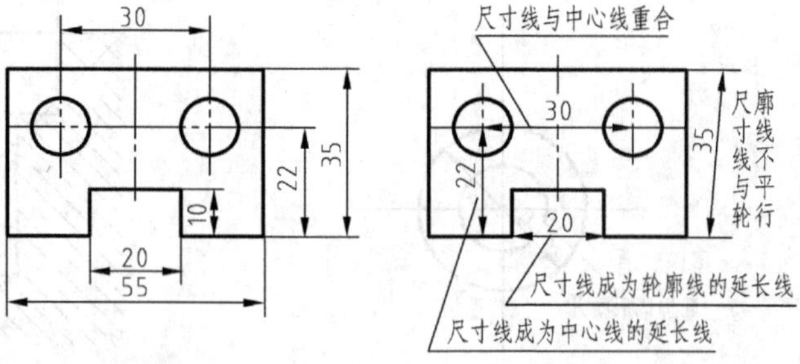 正确　　错误

（续）

<table>
<tr><th>项目</th><th>说　　明</th><th>图　　例</th></tr>
<tr><td>尺寸界线</td><td>1. 尺寸界线用细实线绘制，也可以利用轮廓线（图 a）或中心线（图 b）作尺寸界线
2. 尺寸界线应与尺寸线垂直。当尺寸界线过于贴近轮廓线时，允许倾斜画出（图 c）
3. 在光滑过渡处标注尺寸时，必须用细实线将轮廓线延长，从它们的交点引出尺寸界线（图 d）</td><td>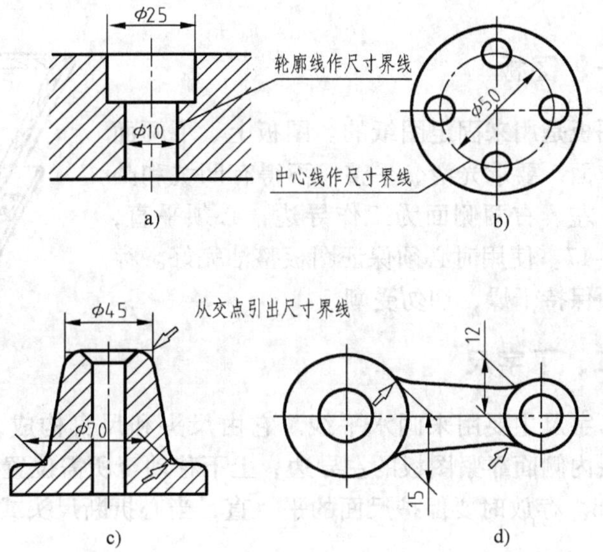</td></tr>
<tr><td rowspan="2">直径与半径</td><td>1. 标注直径尺寸时，应在尺寸数字前加注直径符号“φ”；标注半径尺寸时，应加注半径符号“R”，尺寸线应通过圆心</td><td>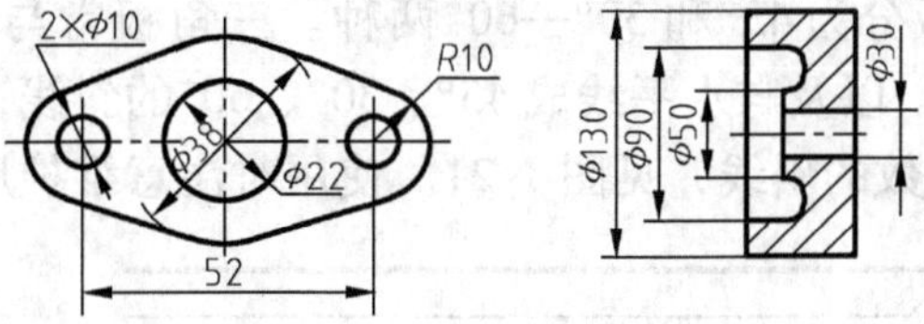</td></tr>
<tr><td>2. 标注小直径或小半径尺寸时，箭头和数字都可以布置在外面</td><td>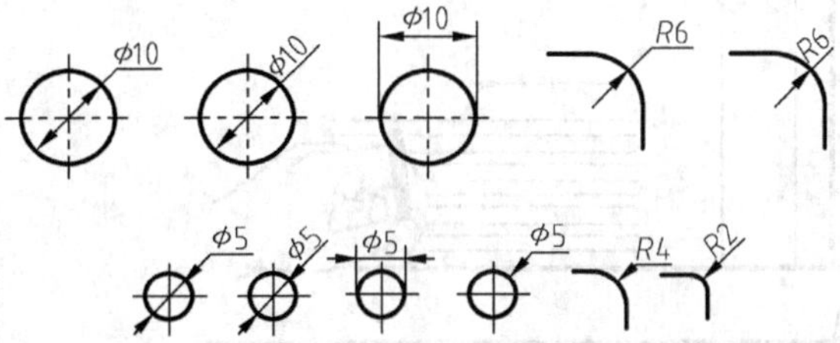</td></tr>
<tr><td>小尺寸的注法</td><td>1. 标注一连串的小尺寸时，可用小圆点或斜线代替箭头，但最外侧两端箭头仍应画出
2. 小尺寸可按右图标注</td><td>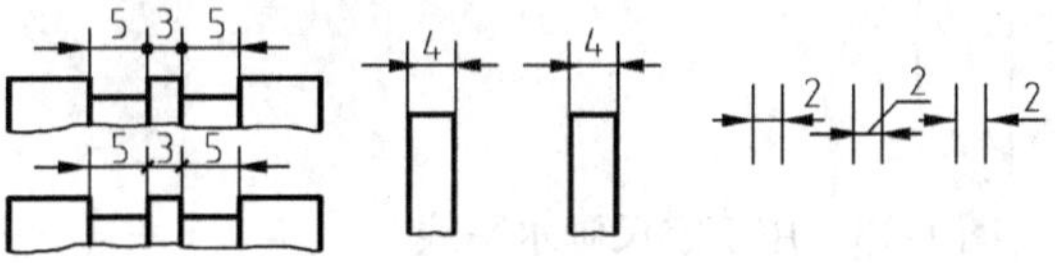</td></tr>
<tr><td>角度</td><td>1. 角度的数字一律水平填写
2. 角度的数字应写在尺寸线的中断处，必要时允许写在外面或引出标注
3. 角度的尺寸界线必须沿径向引出</td><td>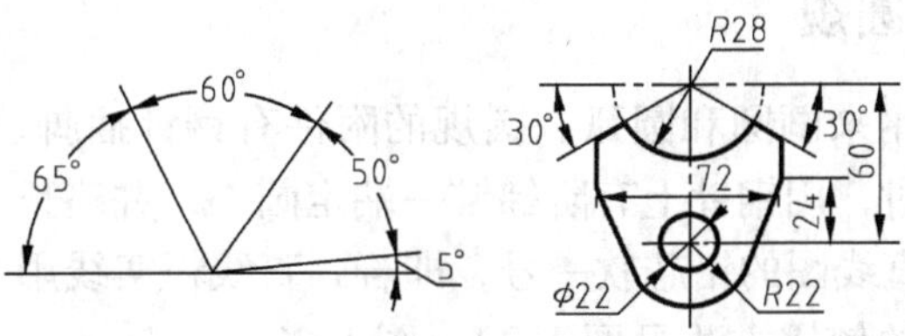</td></tr>
</table>

第二节　手工制图常用仪器工具

一、图板

图板是用来固定图纸的。图板上、下两面为工作面，要求光滑、平整，不得有凹坑和凸起物，左、右两侧面为工作导边，必须平直，见图1-17。使用时必须保证图板整洁完好。存放时须保持干燥，切勿受潮。

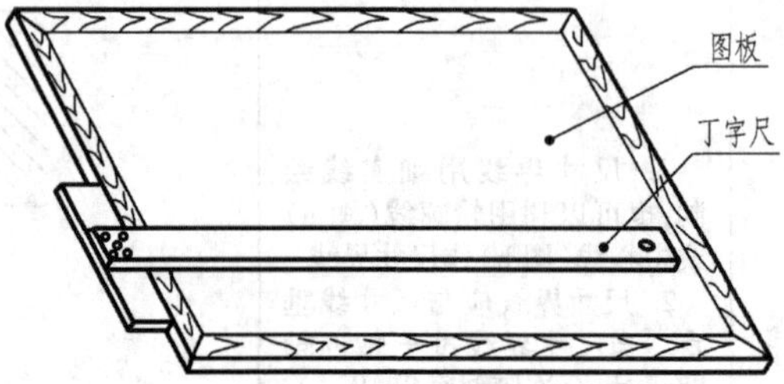

图1-17　图板和丁字尺

二、丁字尺

丁字尺主要用来画水平线。它由尺头和尺身构成，见图1-17。使用时，左手握尺头，使尺头内侧面靠紧图板的左导边，上下移动至所需位置时，就可以由左向右画水平线了，见图1-18。存放时要保护尺面的平、直，当心折断尺头或尺身。

三、三角板

三角板分为45°和30°—60°两种。三角板常与丁字尺配合使用，可画水平线的垂直线（图1-19），以及与水平线成45°、30°、60°的斜线，见图1-20。用两块三角板配合使用，还可画15°倍数的斜线，见图1-21。使用时注意维护尺面平直和清洁卫生。

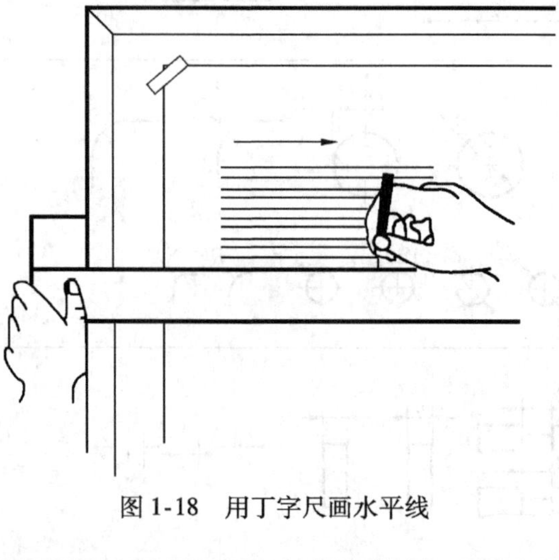
图1-18　用丁字尺画水平线

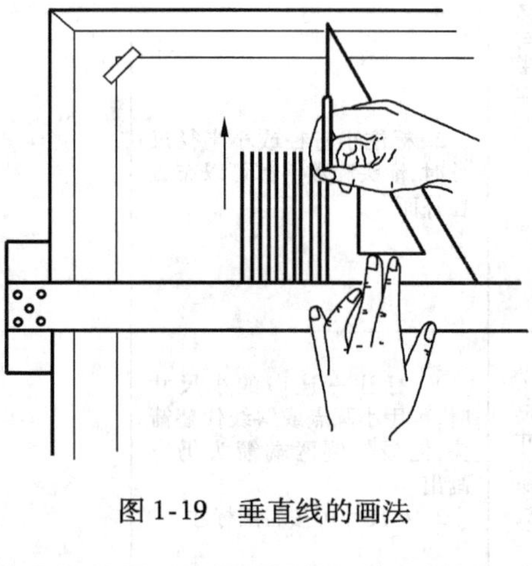
图1-19　垂直线的画法

四、圆规

圆规用来画圆和圆弧。圆规的附件有钢针插脚、铅芯插脚、鸭嘴插脚和延伸杆等。

画圆时，用钢针上有阶梯锥一端定圆心，并略长于铅芯。圆规用的铅芯要进行修磨，且要比画同类直线图的铅芯软一号，即若画直线粗实线用HB铅芯，则画圆粗实线选用B铅芯。

圆规的使用方法见图1-22、图1-23。

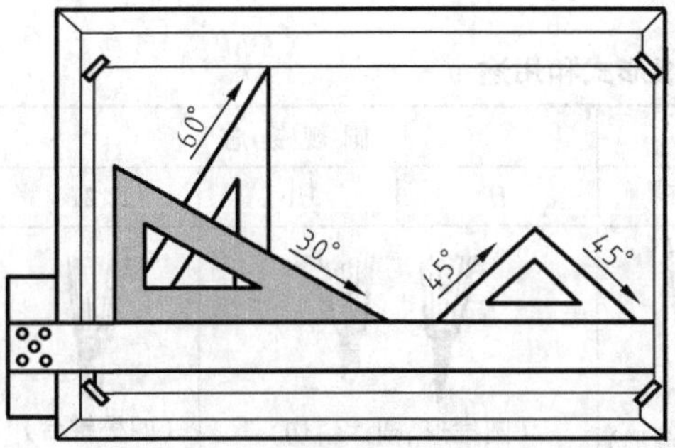

图 1-20　倾斜线的画法

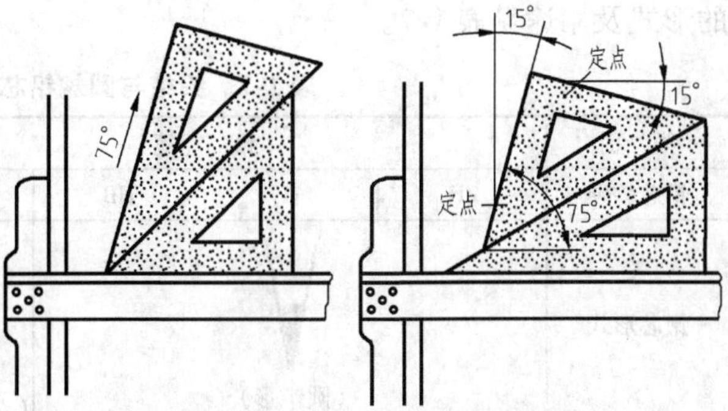

图 1-21　用三角板画 15°倍数角的斜线

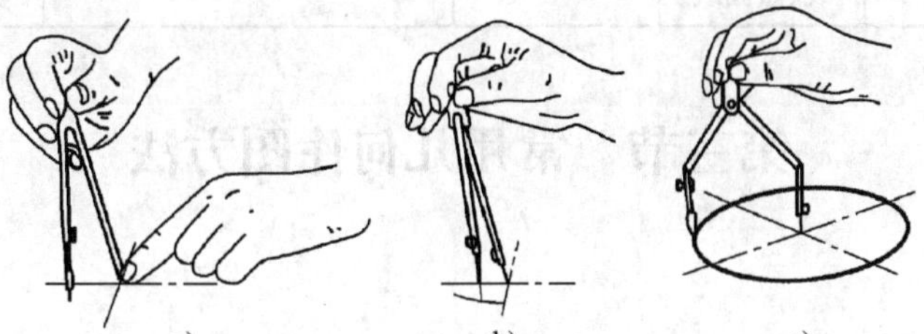

a)　b)　c)

图 1-22　圆规的用法

a）将针尖扎入圆心　b）圆规向画线方向倾斜　c）画大圆时圆规两脚垂直纸面

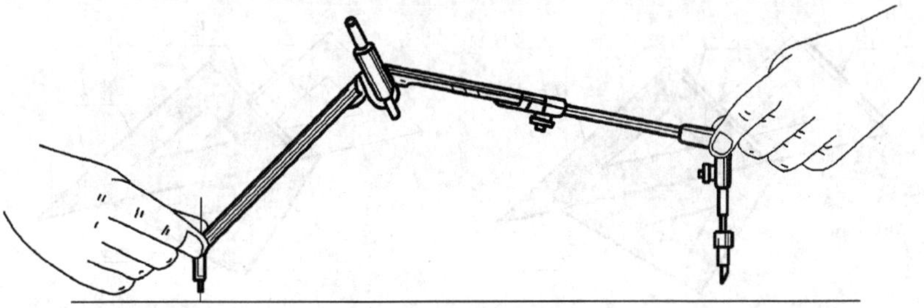

图 1-23　加入延伸插杆用双手画较大半径的圆

五、铅笔

铅笔是绘制各种图线的重要绘图用品。铅芯有软硬之分，标号“B”表示软铅芯，标号“H”表示硬铅芯，标号“HB”表示铅芯软硬适中。铅笔削法见图 1-24。铅笔与圆规铅芯

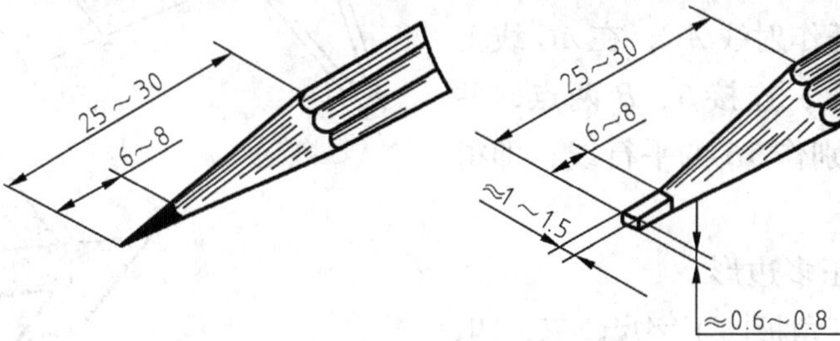

a)　b)

图 1-24　铅笔的削法

a）削磨成圆锥形　b）削磨成四棱柱形

的形式及用途见表 1-7。

表 1-7　铅笔与圆规铅芯的削磨形式和用途

类　别	铅　　笔				圆规铅芯		
铅芯软硬	2H	H	HB	HB、B	H	HB	B、2B
铅芯形式	（圆锥形）			（四棱锥台形）	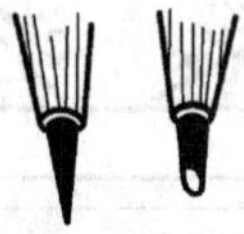（圆锥形、圆柱斜切）		（四棱锥台）
用途	画底稿线	描深细实线、点画线	写字画箭头	描深粗实线	画底稿	描深点画线、细实线、虚线等	描深粗实线

第三节　常用几何作图方法

一、基本作图

1. 作已知线段的平行线、垂直线

用两块三角板配合可画出任意方向直线的平行线和垂直线，见图 1-25。

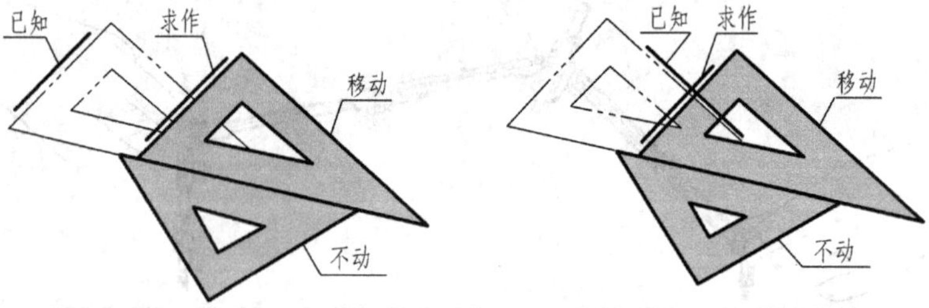

a)　　　　b)

图 1-25　平行线、垂直线画法

a）平行线　b）垂直线

2. 等分线段

见图 1-26，可利用平行线法，将线段 *AB* 五等分，先由端点 *A* 任作射线 *AC*，在 *AC* 线上取适当长度截取五等分，连接 5、*B* 两点，并过 4、3、2、1 各点分别作 5*B* 的平行线，即得线段 *AB* 的五等分点。

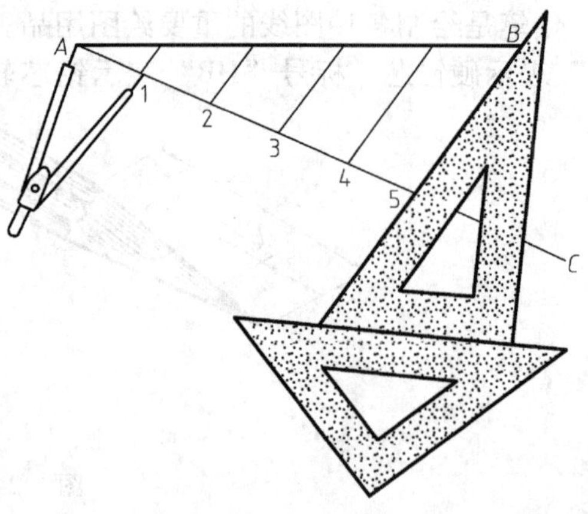

图 1-26　等分线段

3. 等分圆周及作正多边形

图 1-27 所示为用三角板、丁字尺、三、四、六等分圆周（即正多边形的画法）。图 1-28 所示为用圆规作圆的内接正三、五、六边形的画法。

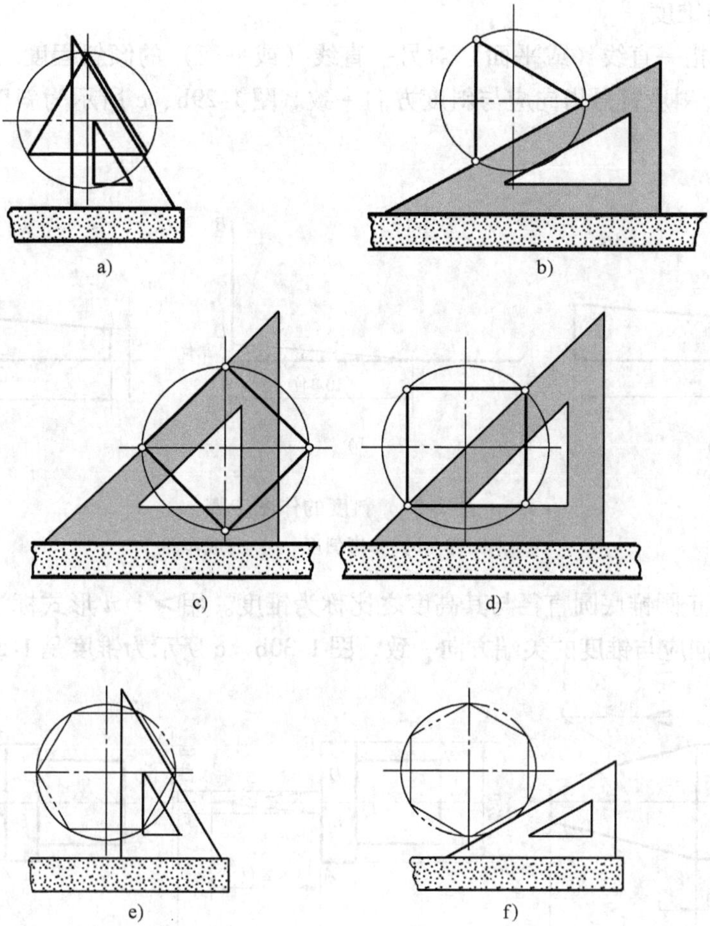

图 1-27 用三角板、丁字尺三、四、六等分圆周

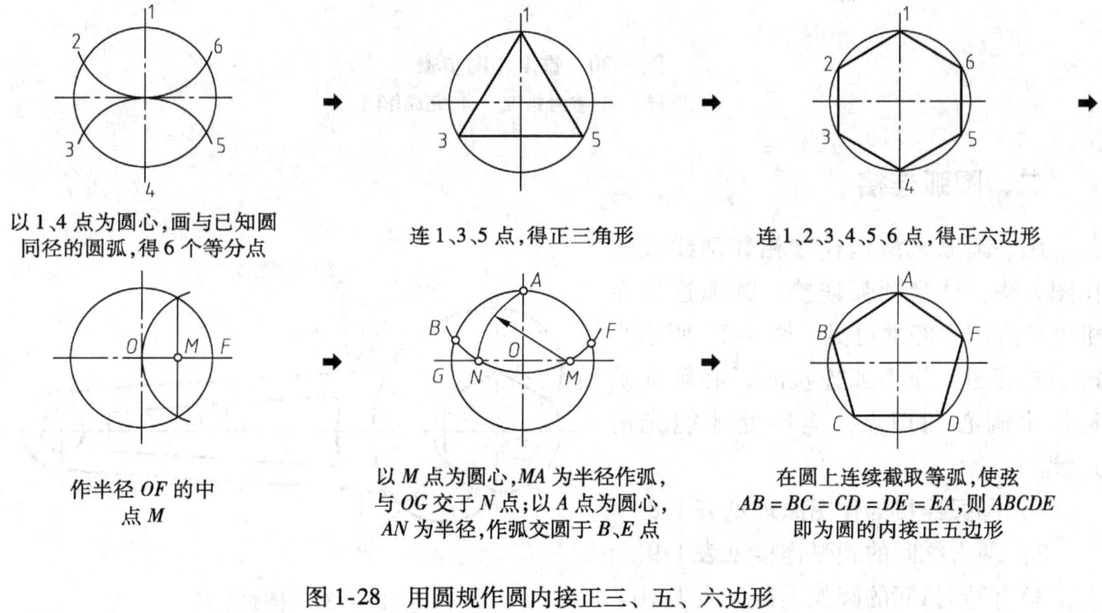

图 1-28 用圆规作圆内接正三、五、六边形

4. 作斜度与锥度

（1）斜度　指一直线（或平面）对另一直线（或平面）的倾斜程度。用∠ 1∶n 的形式标注，见图 1-29a。斜度符号指向应与斜度方向一致。图 1-29b、c 所示为斜度是 1∶10 的斜键的作图步骤。

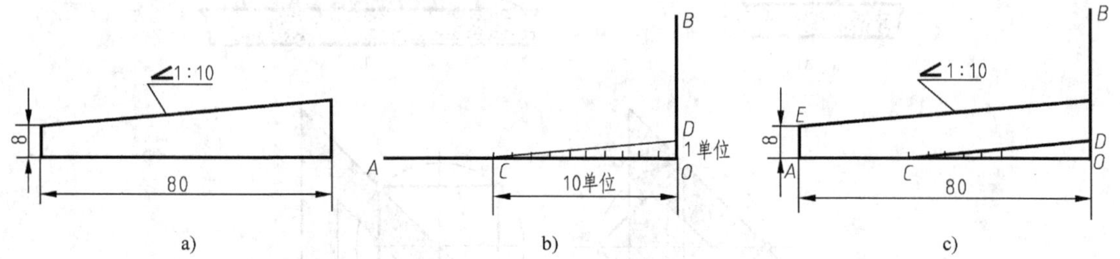

图 1-29　斜度的作图步骤
a）图样　b）参考斜度　c）完成作图

（2）锥度　正圆锥底圆直径与其高度之比称为锥度。用▷ 1∶n 形式标注，见图 1-30a。锥度符号尖端的指向应与锥度的尖端方向一致，图 1-30b、c 所示为锥度是 1∶5 的零件作图步骤。

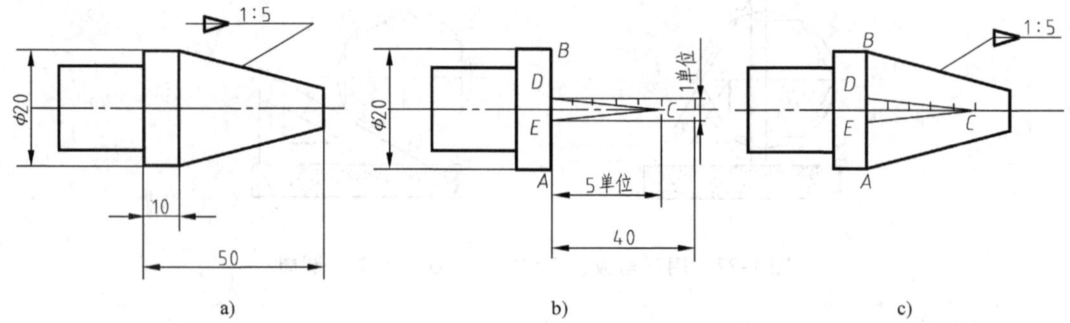

图 1-30　锥度作图步骤
a）图样　b）参考锥度　c）完成作图

二、圆弧连接

用一圆弧光滑地连接相邻两线段的作图方法，称为圆弧连接。圆弧连接在机件轮廓图中经常可见，图 1-31 所示为扳手轮廓图。作圆弧连接时，必须准确地作出圆心和切点，连接处才能光滑过渡。

1）圆弧连接的作图原理见表 1-8。

2）两直线间的圆弧连接见表 1-9。

3）两圆弧间的圆弧连接见表 1-10。

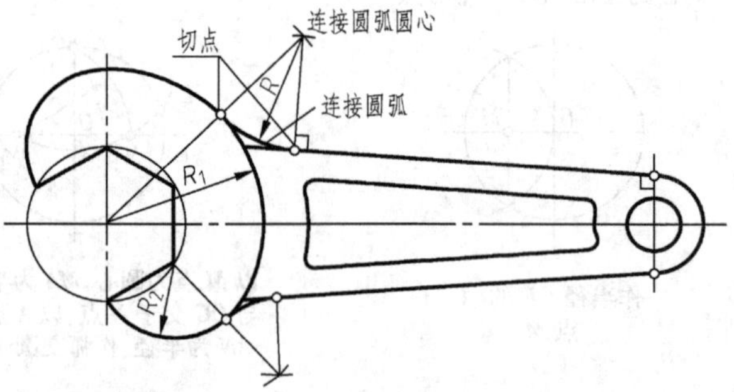

图 1-31　圆弧连接

4）一直线与一圆弧间的圆弧连接见表 1-10。

表 1-8　圆弧连接的作图原理

类别	圆弧与直线连接（相切）	圆弧与圆弧连接（外切）	圆弧与圆弧连接（内切）
图例	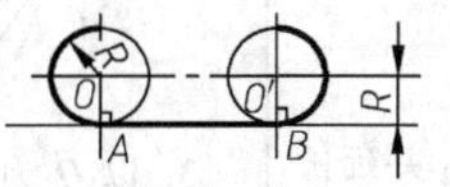	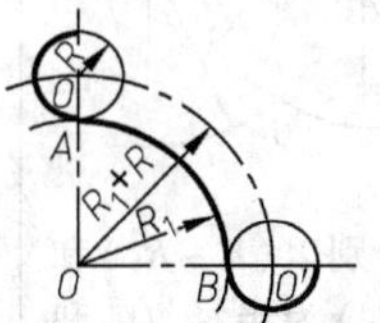	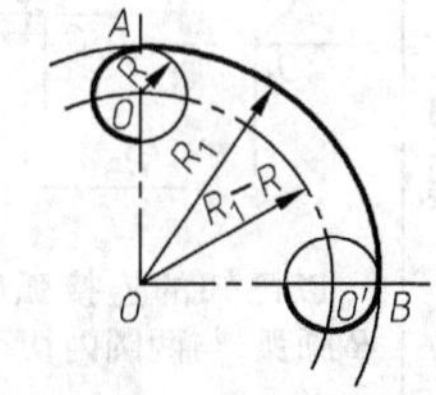
作图步骤	1. 连接弧圆心的轨迹为一平行于已知直线的直线。两直线间的垂直距离为连接弧的半径 R 2. 由圆心向已知直线作垂线，其垂足即为切点 A、B	1. 连接弧圆心的轨迹为一与已知圆弧同心的圆，该圆的半径为两圆弧半径之和（R_1+R） 2. 两圆心的连线与已知圆弧的交点即为切点 A、B	1. 连接圆心的轨迹为一与已知圆弧同心的圆，该圆的半径为两圆弧半径之差（R_1-R） 2. 两圆心连线的延长线与已知圆弧的交点即为切点 A、B

表 1-9　两直线间的圆弧连接

类别	用圆弧连接锐角或钝角的两边	用圆弧连接直角的两边
图例	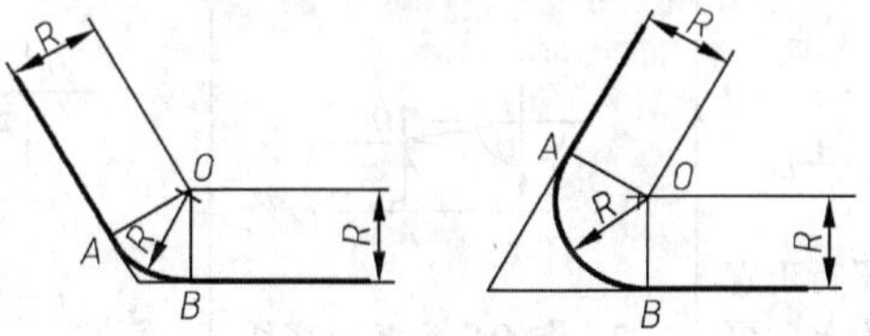	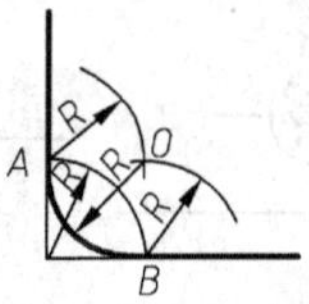
作图步骤	1. 作与已知角两边分别相距为 R 的平行线，交点 O 即为连接弧圆心 2. 自点 O 分别向已知角两边作垂线，垂足 A、B 即为切点 3. 以 O 为圆心，R 为半径在两切点 A、B 之间画连接圆弧即为所求	1. 以角顶为圆心，R 为半径画弧，交直角两边于 A、B 2. 以 A、B 为圆心，R 为半径画弧，相交得连接弧圆心 O 3. 以 O 为圆心，R 为半径在 A、B 间画连接圆弧即为所求

表 1-10　两圆弧间的圆弧连接及直线与圆弧间圆弧连接

名称		已知条件和作图要求	作图步骤		
两圆弧间的圆弧连接	外连接	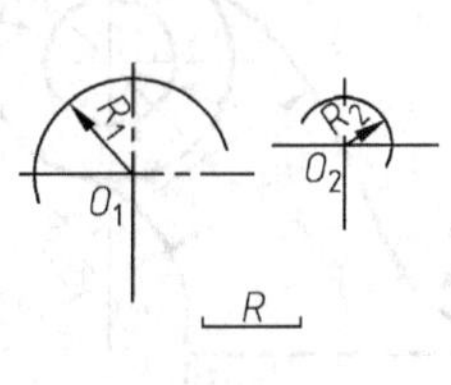以已知的连接弧半径 R 画弧与两圆外切	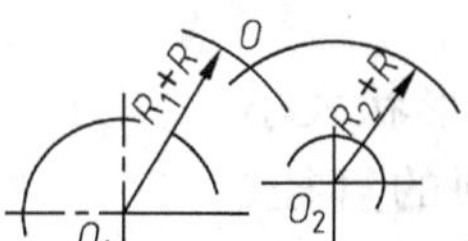1. 分别以（R_1+R）及（R_2+R）为半径，O_1、O_2 为圆心画弧交于 O	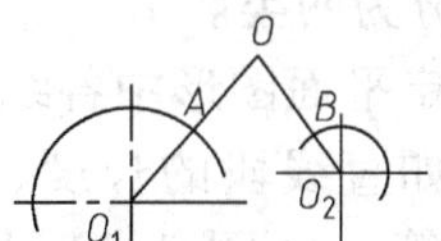2. 连 OO_1 交已知弧于 A，连 OO_2 交已知弧于 B。A、B 即为切点	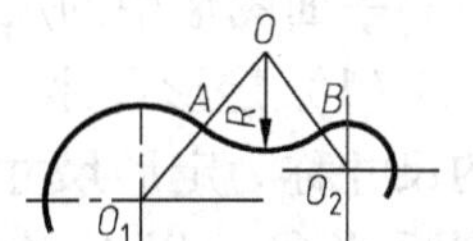3. 以 O 为圆心，R 为半径画圆弧，连接已知弧于 A、B 即完成作图

（续）

名称		已知条件和作图要求	作图步骤		
两圆弧间的圆弧连接	内连接	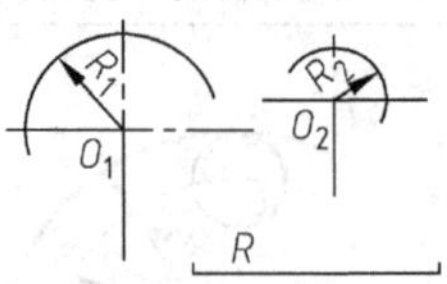 以已知的连接弧半径 R 画弧，与两圆内切	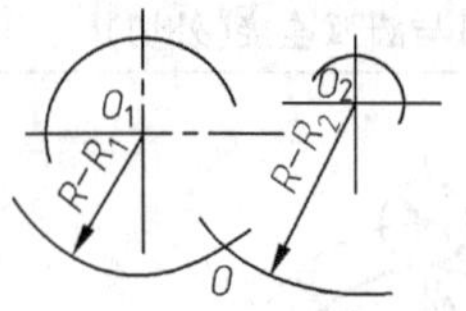 1. 分别以 $(R-R_1)$ 和 $(R-R_2)$ 为半径，O_1 和 O_2 为圆心，画弧交于 O	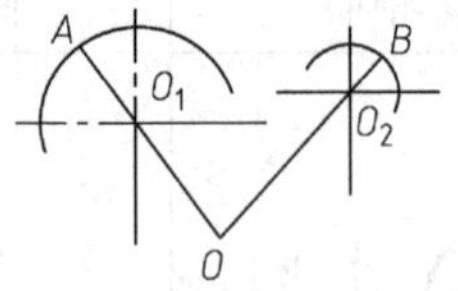 2. 连 OO_1、OO_2 并延长分别交已知弧于 A、B，A、B 即为切点	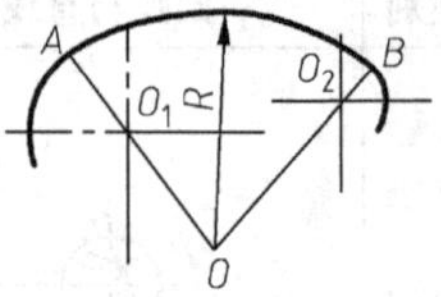 3. 以 O 为圆心，R 为半径画圆弧连接两已知弧于 A、B 即完成作图
	混合连接	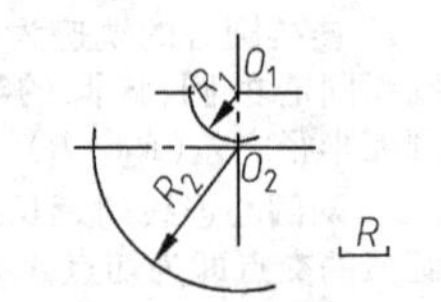 以已知的连接弧半径 R 画弧，与 O_1 圆外切，与 O_2 圆内切	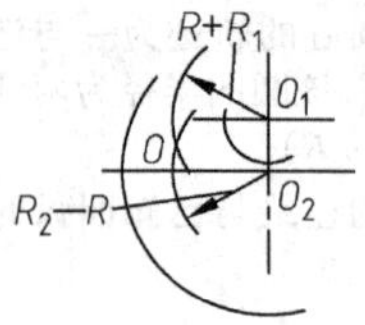 1. 分别以 (R_1+R) 及 (R_2-R) 为半径，O_1、O_2 为圆心，画弧交于 O	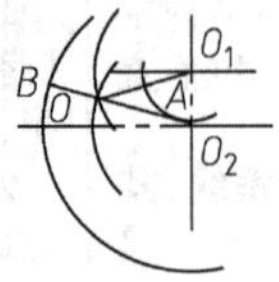 2. 连 OO_1 交已知弧于 A，连 OO_2 并延长交已知弧于 B，A、B 即为切点	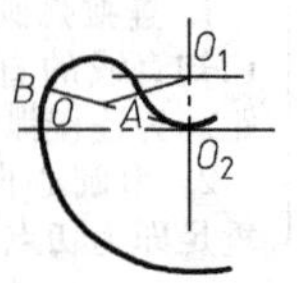 3. 以 O 为圆心，R 为半径画圆弧连接两已知弧于 A、B 即完成作图
直线和圆弧连接		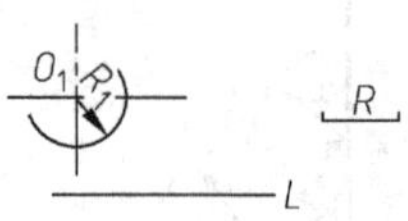 以已知的连接弧半径 R 画弧，与直线 L 和 O_1 圆相外切	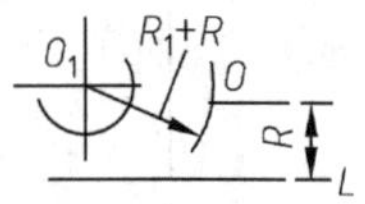 1. 作直线 L_1 平行于直线 L（其间距离为 R），再作已知圆弧的同心圆（半径为 R_1+R）与直线 L_1 相交于 O	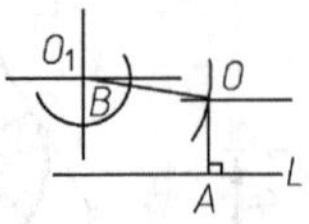 2. 作 OA 垂直于直线 L；连 OO_1 交已知圆弧于 B，A、B 即为切点	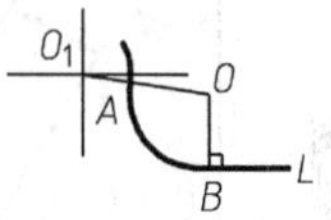 3. 以 O 为圆心，R 为半径画圆弧，连接直线 L 和圆弧 O_1，于 A、B 即完成作图

三、画平面图形

平面图形由直线段、圆、圆弧连接而成，见图 1-32。它们之间的相对位置和连接关系由给定的尺寸来确定。绘制平面图形时，首先要对图形上的尺寸和连接关系进行分析，以确定正确的作图方法及作图顺序。

1. 尺寸分析

平面图形中的尺寸分为两类。

（1）定形尺寸　确定平面图形中各线段形状大小的尺寸称为定形尺寸，如直线段的长度、圆的直径、圆弧半径，以及角度等，见图 1-32 中的“10”、“44”、“ϕ26”、“ϕ14”、“R22”、“R16”、“R44”等。

（2）定位尺寸　确定平面图形上的各线段或封闭图形之间相对位置的尺寸，称为定位尺寸，见图 1-32 中的“8”、“42”、“15”等。必须指出：有时同一尺

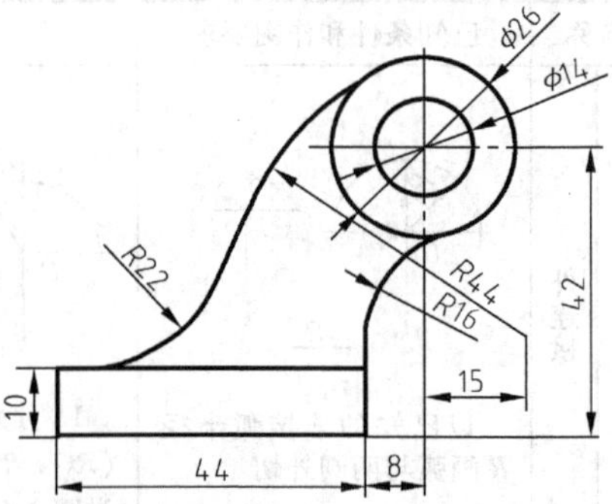

图 1-32　平面图形

寸既有定形又有定位的作用。

（3）尺寸基准 平面图形有水平和垂直两个方向尺寸，每个方向均应确定一个尺寸基准。通常选择对称图形的对称中心线，较长的直线或圆的中心线作为尺寸基准，见图 1-32。

2. 线段分析

平面图形的线段（直线、圆弧）根据其两类尺寸是否齐全分为三类。以图 1-32 为例说明如下：

（1）已知线段 具有定形尺寸和齐全的定位尺寸的线段称为已知线段。已知线段能直接作出，如图中两个同心圆“$\phi26$”、“$\phi14$” 和矩形线框尺寸“44”和“10”。

（2）中间线段 具有定形尺寸和不齐全定位尺寸的线段称为中间线段，中间线段必须依靠一个连接关系才能作出，如图中的圆弧“$R44$”。

（3）连接线段 只有定形尺寸，没有定位尺寸的线段称为连接线段。连接线段必须依靠两个连接关系才能作出，如图中的“$R22$”，“$R16$”。

3. 绘图方法和步骤

图 1-32 的绘图步骤见图 1-33。

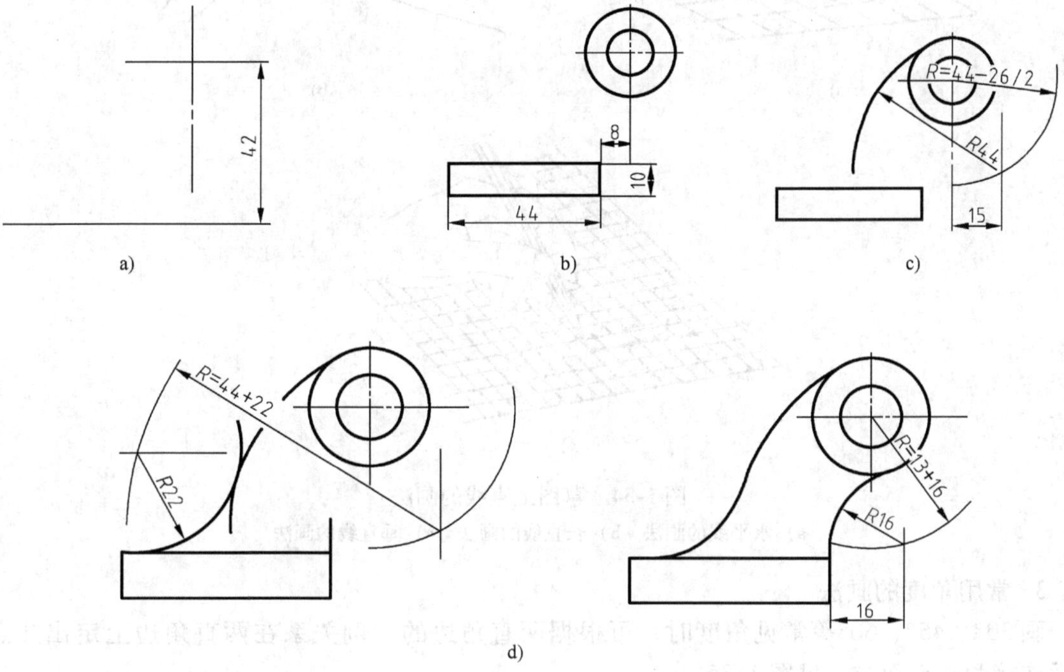

图 1-33 画平面图形的方法和步骤

1）分析图形，确定线段间的相对位置和连接关系。

2）画基准线、定位线，见图 1-33a。

3）画出定形尺寸、定位尺寸齐全的已知线段，见图 1-33b。

4）画出定形尺寸、定位尺寸不齐全的中间线段，见图 1-33c。

5）画出只有定形尺寸，没有定位尺寸连接线段，见图 1-33d。

四、徒手画图线

1. 概述

徒手图也称草图，它是不借助绘图仪器、工具，用目测徒手绘制的图样。在机器测绘、讨论设计方案和技术交流中，经常需要绘制草图。因此，徒手绘图是我们应该掌握的一项基本技能。

2. 徒手画直线

画直线时，执笔要稳而有力，铅笔向运动方向稍斜，小手指贴着纸面移动，眼睛注意直线的终点，以免线条偏斜。运笔方向与写字相同，即画垂直线，自上而下；画水平线，自左而右。初学时，为了提高作图速度和质量，也可采用方格纸画草图，见图 1-34。

a)

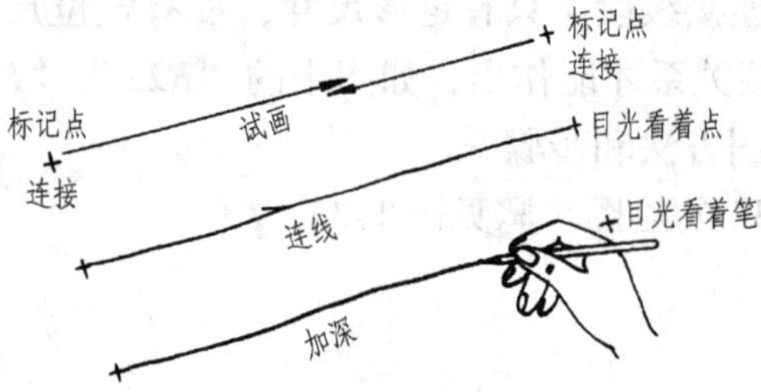

b)

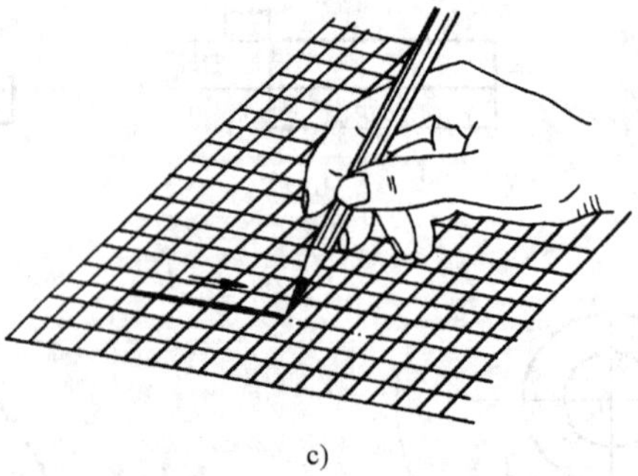

c)

图 1-34　草图上直线的画法

a）水平线的画法　b）长直线的画法　c）垂直线的画法

3. 常用角度的画法

画 30°、45°、60°等常见角度时，可根据两直角边的比例关系在两直角边上定出几点，然后连接两端点而成，见图 1-35。

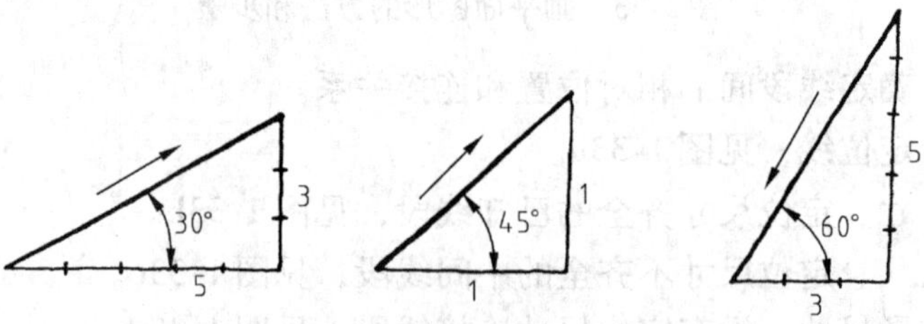

图 1-35　角度线的徒手画法

4. 徒手画圆

画圆时应先定圆心，过圆心画两条互相垂直的中心线，用目测估计半径的大小后，在两中心线上与圆心等距离的位置上取四个点，然后过各点徒手画圆弧线。当画较大的圆时，可过圆心多作几条直径，在上面找点后再连成圆，见图 1-36。

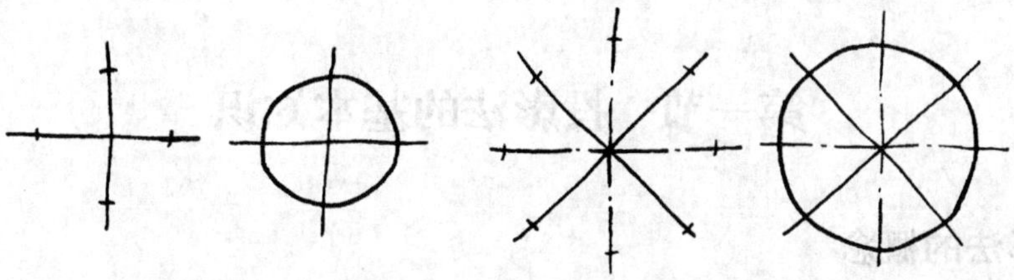

图 1-36　圆的徒手画法

5. 徒手画椭圆

画椭圆时，可以尽量利用圆弧与正方形、菱形相切的特点进行画图，见图 1-37。

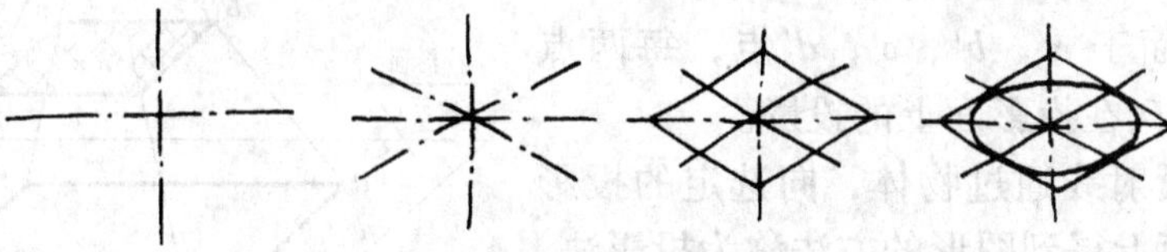

图 1-37　椭圆的徒手画法

第二章　机械制图投影基础

第一节　投影法的基本知识

一、投影法的概念

日常生活中经常见到物体被阳光或灯光照射后，在地面或墙面上出现物体的影子，这种自然现象就是投影。人们经过科学抽象，把光线称为投射线，地面或墙面称为投影面。图 2-1 中，过空间物体▱ABCD 各顶点作投射线 SA、SB、SC、SD，交投影面于 a′、b′、c′、d′点，每两点连直线即为▱ABCD 在投影面上的投影。

上述这种用投射线通过物体，向选定的投影面投射，并在该面上得到图形的方法称为投影法。

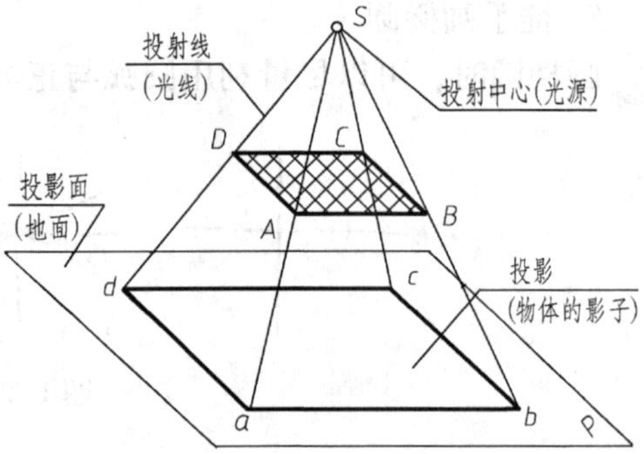

图 2-1　投影法（中心投影法）

二、投影法的种类

1. 中心投影法

投射线汇交于一点的投影法称为中心投影法，见图 2-1。中心投影法所得的图形大小随着投影面、物体和投影中心三者之间的不同位置而变化。它立体感强，但不能真实反映物体的形状和大小，作图复杂。工程上常用这种方法绘制建筑物的透视图，机械图样很少采用。

2. 平行投影法

投射线相互平行的投影法称为平行投影法。按投射线与投影面是否垂直，平行投影法又分为两种：

（1）正投影法　投射线垂直于投影面，见图 2-2a。

（2）斜投影法　投射线倾斜于投影面，见图 2-2b。

由于正投影能准确反映物体的形状大小，便于度量且作图简便，所以机械图样主要是用正投影法绘制的。

三、几何要素的正投影特性

（1）真实性　当直线（或平面）平行于投影面时，则其投影反映实长（或实形）。这种投影性质称为真实性，见图 2-3a。

（2）积聚性　当直线（或平面）垂直于投影面时，则其投影积聚成一点（或一线）。这种投影性质称为积聚性，见图 2-3b。

（3）类似性　当直线（或平面）倾斜于投影面时，则其投影变短（或变形缩小）。这

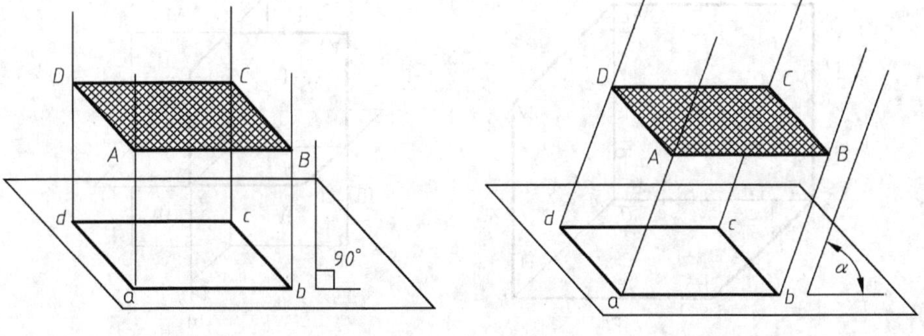

图 2-2　平行投影法

a）正投影法　b）斜投影法

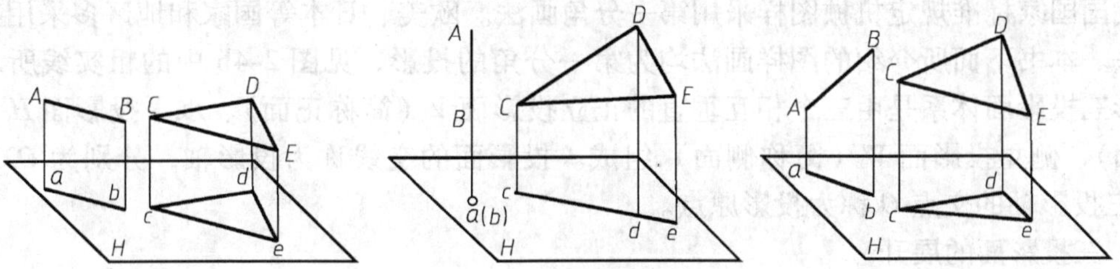

图 2-3　正投影特性

a）投影的真实性　b）投影的积聚性　c）投影的类似性

种投影性质称为类似性，见图 2-3c。

四、三投影面体系

1. 三投影面的建立

从物体的正投影图图例可以看出，只有物体一个方向的视图不能确定它的结构、形状。为了准确、清晰地表达物体的结构、形状特征（以后简作“构形特征”），人们通过大量的研究和实践，决定采用增加投影面，组成投影面体系以得到一组视图的方法来解决这个问题。

在众多的投影面体系中，关系最简单、使用最方便、与我们的生活环境最贴近的是三个投影面互相垂直的三投影面体系，见图 2-4a。

三个投影面分别为：

1）正立投影面，简称正面，用 V 表示。

2）水平投影面，简称水平面，用 H 表示。

3）侧立投影面，简称侧面，用 W 表示。

相互垂直的投影面之间的交线，称为坐标轴。它们分别是：

1）X 轴，代表长度，反映左右方向。

2）Y 轴，代表宽度，反映前后方向（注意，这里的前后方向与日常生活中的多数感觉相反，但与描述柜子、课桌前后的概念相同）。

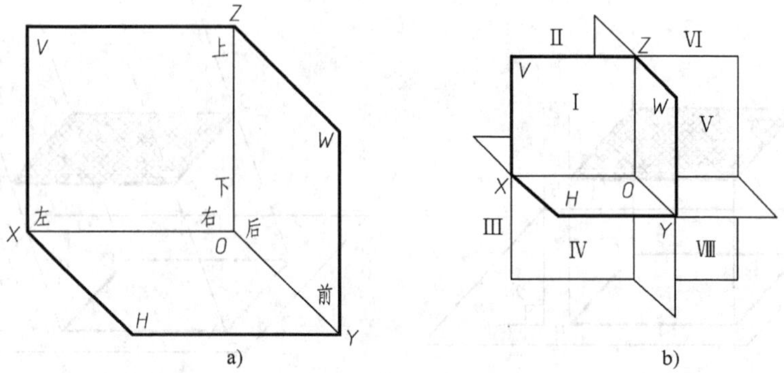

图 2-4　三投影面体系

3）*Z* 轴，代表高度，反映上下方向。

相互垂直的三投影面把空间分为八个区域，每个区域称为一个分角，按图 2-4 所示排序。我国国家标准规定机械图样采用第一分角画法。欧美、日本等国家和地区多采用第三分角画法。本书下面所介绍的图样画法均为第一分角的投影，见图 2-4b 中的粗实线所示。一角投影三投影面体系是由三个相互垂直的正立投影面 *V*（简称正面）、水平投影面 *H*（简称水平面）、侧立投影面 *W*（简称侧面）组成。投影面的交线称为投影轴，分别为 *OX*、*OY*、*OZ*。三投影轴的交点 *O* 称为投影原点。

2. 三投影面的展开

为了将物体的投影画在同一平面内，需将投影面展开。规定 *V* 面不动，*H* 面绕 *OX* 轴向下旋转 90°，*W* 面绕 *OZ* 轴向右旋转 90°，三个投影面便展成一个平面。投影面可视为任意大，故其边框线不必画出，见图 2-5。

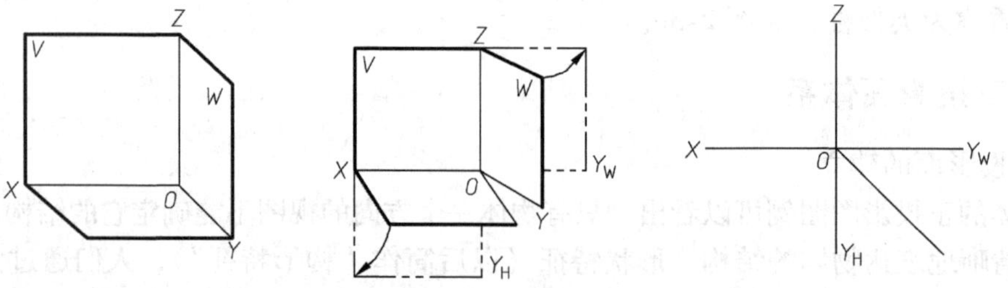

图 2-5　三投影面体系的展开

第二节　点 的 投 影

点、线、面是组成几何体的元素，图 2-6 所示的三棱锥可看成由特殊点 *A*、*B*、*C* 及锥顶 *S* 组成。掌握点、线、面的投影规律，将为学习几何体的表达奠定基础。

一、点的三面投影

在图 2-7 中，由空间点 *S* 分别作垂直于 *V*、*H*、*W* 面的投射线，其交点 *s*、*s*′、*s*″即为 *S* 点的三面投影。统一规定，空间点用大写字母表示（如 *A*、*B*、*C*…），其正面投影用相应的小写字母加一撇表示（a'、b'、c'…），水平投影用相应的小写字母表示（a、b、c…），侧面投影用相应的小写字母加两撇表示（a''、b''、c''…）。

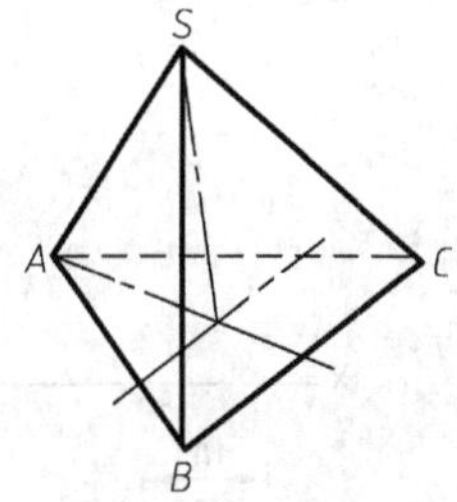

图 2-6　三棱锥

过点 S 的三条投射线 Ss、Ss'、Ss''构成三个相互垂直的平面，它们与三个投影面相交的交线组成一个六面体，各面均为矩形。

展开点 S 的三面投影，则点在三投影面体系中的投影规律为：

1）点的正面投影和水平投影的连线垂直于 OX 轴，即 $s's \perp OX$。

2）点的正面投影和侧面投影的连线垂直于 OZ 轴，即 $s's'' \perp OZ$。

3）点的水平投影到 OX 轴的距离等于点的侧面投影到 OZ 轴的距离，即 $ss_X = s''s_Z$。

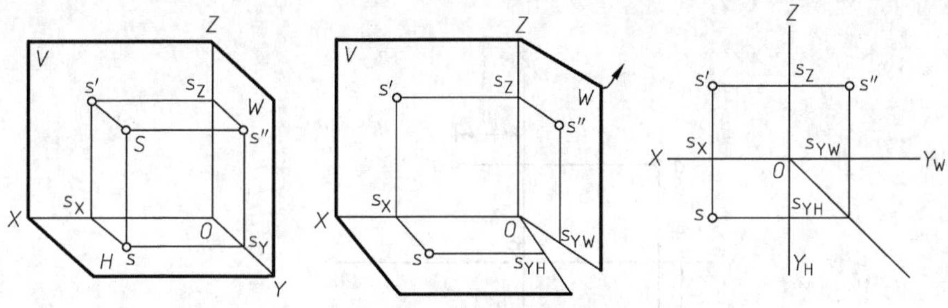

图 2-7　点的三面投影

二、应用举例

1. 已知点的三个坐标值（X，Y，Z），作它的三视图

在三投影面体系中，V 面反映 X、Z 坐标，H 面反映 X、Y 坐标，W 面反映 Y、Z 坐标。因此，作图时，只要根据点的坐标值在三个坐标面内分别作出各点即完成作图。这种作图方法较烦琐。通常可使用既根据点的坐标，同时又利用点的三视图规律作图的一种方法。

例　已知点 A 的坐标为（20，10，15），求作点 A 的三视图。

解： 1）建立坐标系并选定画图比例，如图 2-8a 所示。

2）作点 A 的主视图 a'，如图 2-8b 所示。

3）过 a'分别作 X 轴和 Z 轴的垂线并延长到 H 面和 W 面内，在其上分别截取 a、a''两点，使其到 X 轴、Z 轴的距离都为“10”，如图 2-8c 所示，完成作图。

以此类推，还有另外两种方法，读者尝试后请比较一下它们的优劣，看看哪一种方法简单易行。

2. 已知两个视图，利用点的三视图规律作第三视图

点是构成线、面、体最基本的几何要素，因此，完全可以利用点的三视图规律来解决补作线、面、体第三个视图的问题。线、面、体的三视图有它自身的规律，在多数作图问题中，利用它们自身三视图的规律完全可以解决问题。然而，在某些情况下，借助点的三视图规律会使问题的解决变得容易。下面的例题说明，即使我们没有学习线、面、体的三视图知识，也可以利用点的三视图规律来解决它们的补图问题。

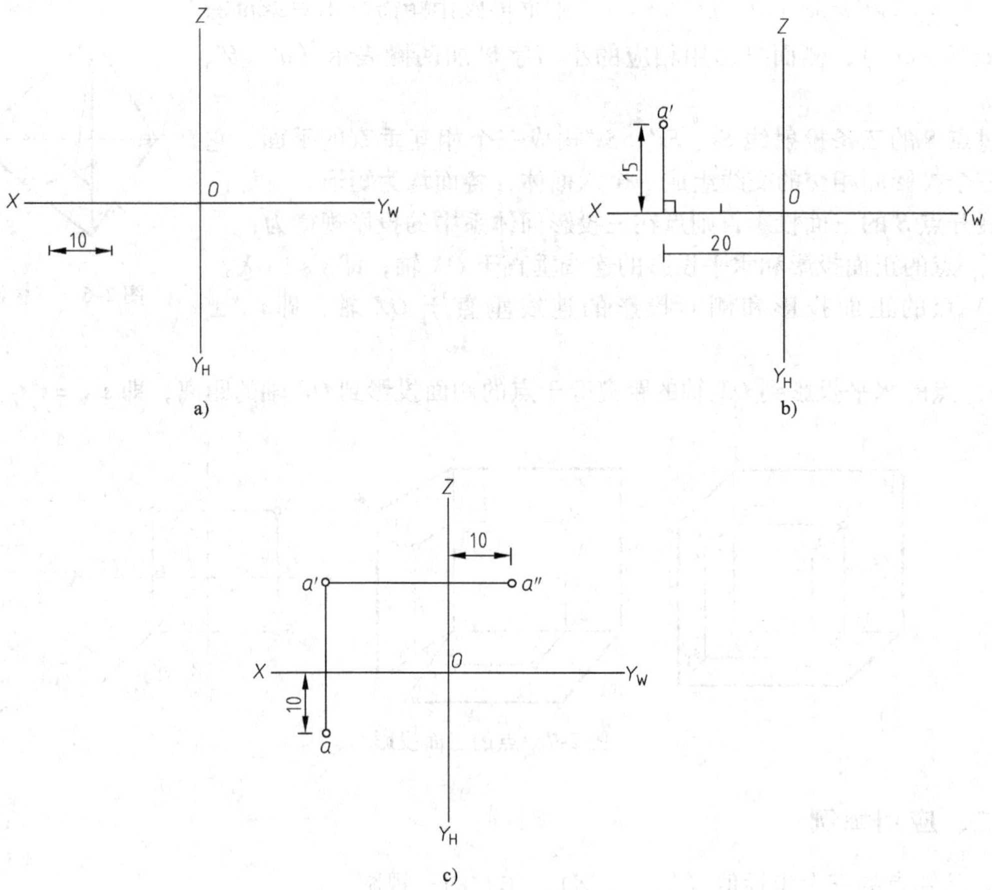

图 2-8　作点的三视图

例　已知点 A 的主、俯视图如图 2-9a 所示，求作点 A 的左视图。

解： 1）过点 A 的主视图 a' 作 Z 轴的垂线。

2）在该垂线上截取 a'' 使它到 Z 轴的距离等于 a 到 X 轴的距离（Y_A），见图 2-9b，即完

图 2-9　补作点的第三视图

成作图。

例　已知直线 AB 的主、左视图如图 2-10a 所示，求作 AB 的俯视图。

解： 1）过 AB 两端点的主视图 a'、b' 作 X 轴的垂线。

2）在 H 面的两垂线上分别截取 a、b 使它们到 X 轴的距离分别等于 a''、b'' 到 Z 轴的距离（Y_A、Y_B）。

3）连接 a、b 即得 AB 的俯视图见图 2-10b。

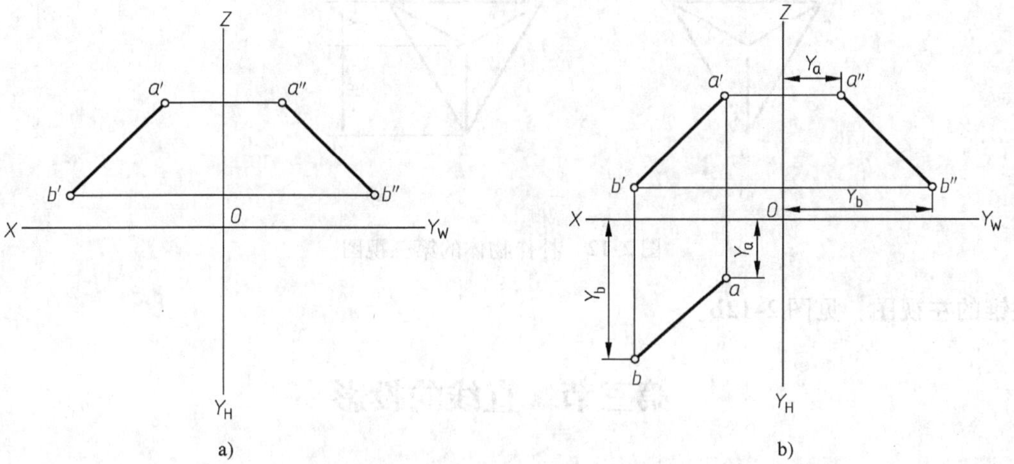

图 2-10　补作直线的第三视图

例　已知△ABC 的俯、左视图如图 2-11a 所示，求作△ABC 的主视图。

解： 过 a、b、c 和 a''、b''、c'' 分别作 X 轴和 Z 轴的垂线并都延长到 V 面内相交，过 a、a'' 之垂线的交点即为 a'，其余类推，即得 a'、b'、c'。依次连接 $a'b'c'$，得△ABC 的主视图，见图 2-11b。

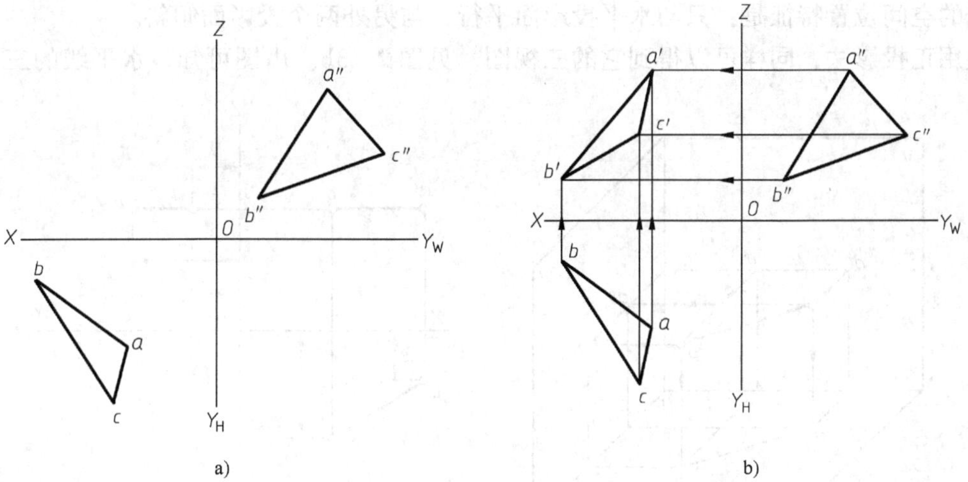

图 2-11　补作平面的第三视图

例　已知正三棱锥的主、俯视图，见图 2-12a，求作正三棱锥的左视图。

解： 作出正三棱锥各顶点的左视图 s''、a''、b''、c''，然后依次将它们连接起来，即得正

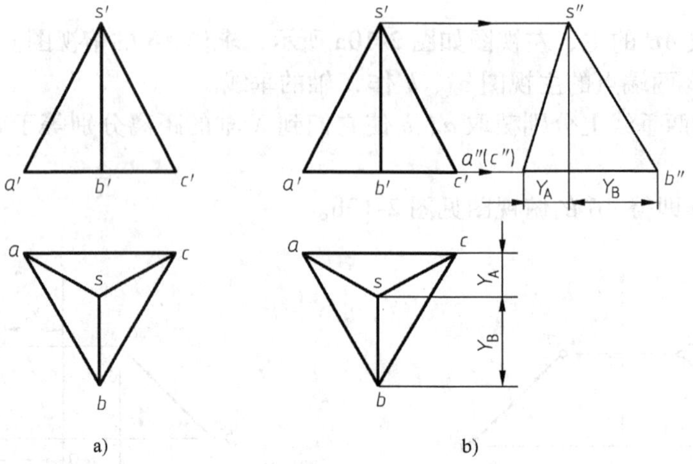

图 2-12　补作物体的第三视图

三棱锥的左视图，见图 2-12b。

第三节　直线的投影

直线的空间位置由直线上任意两点决定，故直线的投影为直线上任意两点的同面投影连线。直线在三投影面体系中有三种位置：投影面平行线、投影面垂直线、一般位置直线。前两种直线又称为特殊位置直线。

一、投影面平行线的位置特征和三视图特征

图 2-13a 所示是一条只与水平投影面平行的直线 *AB* 的轴测图，称为水平线。由图可知，水平线的空间位置特征是：只与水平投影面平行，与另外两个投影面倾斜。

应用正投影法，同样可以得到它的三视图，见图 2-13b。由图可知，水平线的三视图特

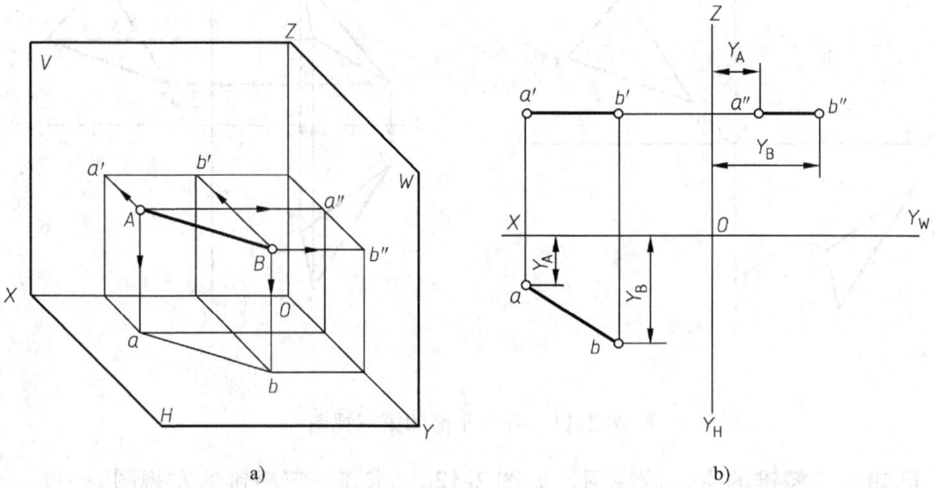

图 2-13　水平线的轴测图和三视图

征是：水平投影与 X、Y 轴倾斜，且反映实长；另两个投影都垂直于 Z 轴。

生产、生活实际中，还有正平线、侧平线，它们统称为投影面平行线。它们的位置和三视图特征可归纳为：

1）投影面平行线的位置特征是：只与一个投影面平行，而与另两个投影面倾斜（可简作“一平两斜”）。

2）投影面平行线的三视图特征是：在与它平行的投影面上的投影为一斜线，且反映实长；另两个投影则垂直于与它垂直的坐标轴（可简作“一斜两垂”）。

三种投影面平行线的空间位置和三视图见表2-1。

表2-1　投影面平行线的空间位置和三视图特征

项目	空间位置		三视图	
	轴测图	共同特征	视图	共同特征
水平线	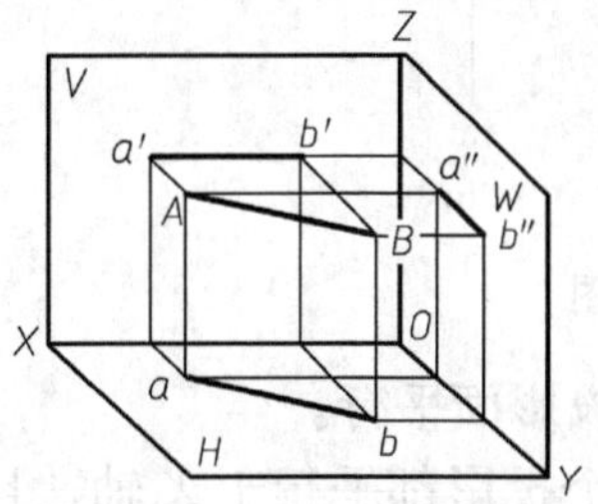 与 H 面平行，与 V、W 面倾斜，与 Z 轴垂直		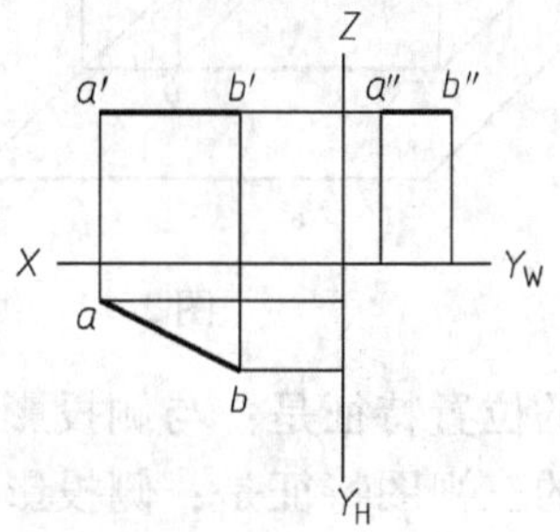 俯视图为斜直线，反映实长，另两个视图都与 Z 轴垂直	
正平线	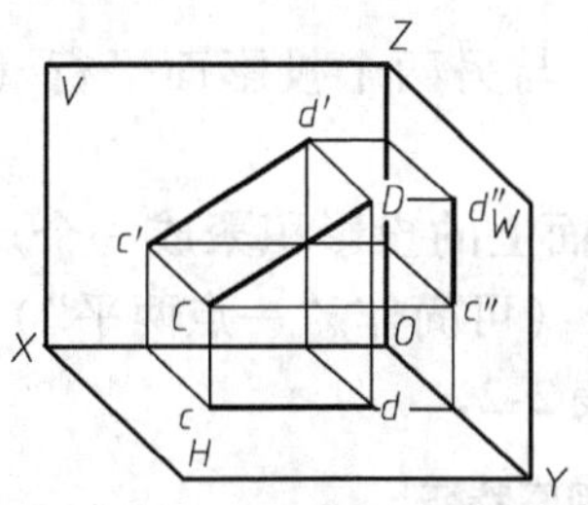 与 V 面平行，与 H、W 面倾斜，与 Y 轴垂直	与一个投影面平行，与另两个投影面倾斜（“一平两斜”）	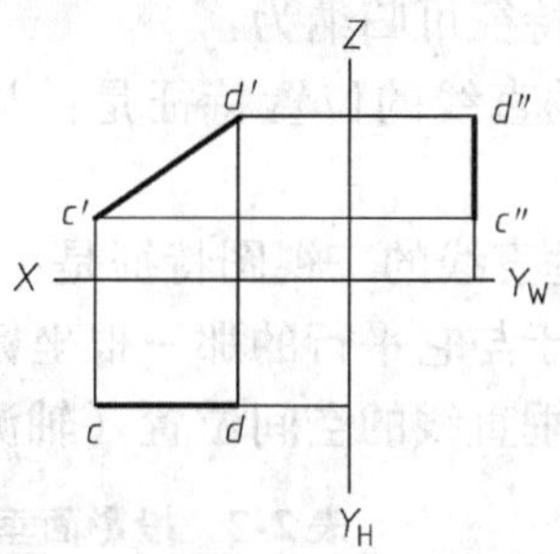 主视图为斜直线，反映实长，另两个视图都与 Y 轴垂直	在平行投影面上的投影为斜线，另两个投影垂直于与它垂直的坐标轴（“一斜两垂”）
侧平线	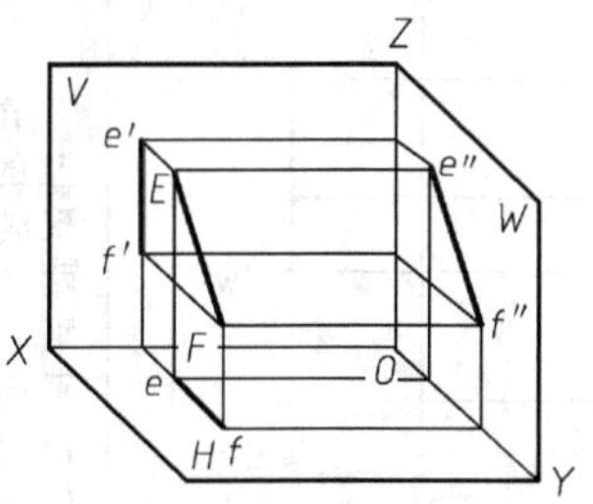 与 W 面平行，与 V、H 面倾斜，与 X 轴垂直		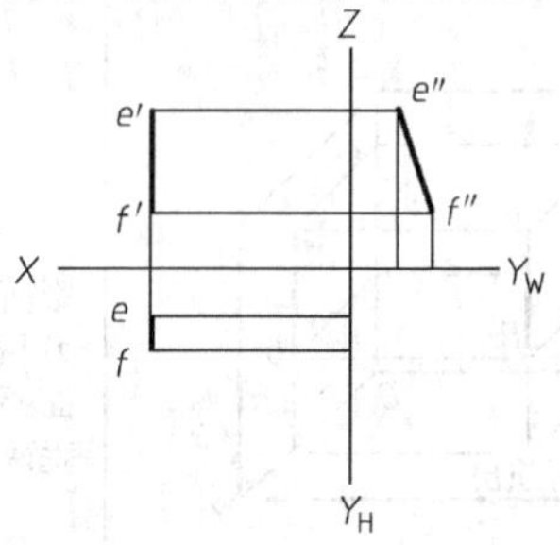 左视图为斜直线，反映实长，另两个视图都与 X 轴垂直	

二、投影面垂直线的位置特征和三视图特征

图 2-14a 所示是一条与侧投影面垂直的直线 AB，称为侧垂线；图2-14b 所示是它的三视图。从图中可知：

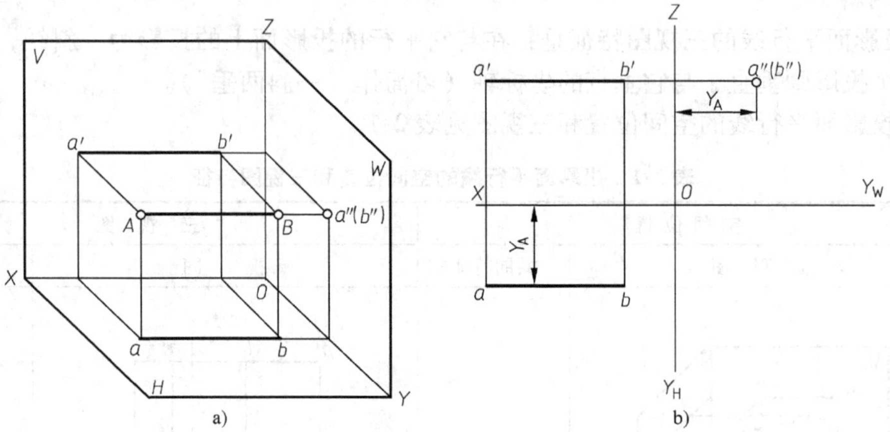

a)　　b)

图 2-14　侧垂线的轴测图和三视图

1）侧垂线的位置特征是：与侧投影面垂直，与另两个投影面平行。

2）侧垂线的三视图特征是：侧投影积聚成一点；另两个投影都平行于 X 轴，且都反映直线的实长。

生产、生活实际中，还有正垂线、铅垂线，我们把它们统称为投影面垂直线。它们的位置特征和三视图特征可归纳为：

1）投影面垂直线的位置特征是：与一个投影面垂直，与另两个投影面平行（可简作“一垂两平”）。

2）投影面垂直线的三视图特征是：在它所垂直的投影面上的投影积聚成一个点；另两个投影则都平行于与它平行的那一根坐标轴，且都反映实长（可简作“一点两平”）。

三种投影面垂直线的空间位置（轴测图）和三视图见表 2-2。

表 2-2　投影面垂直线的空间位置和三视图特征

项目	空间位置		三视图	
	轴测图	共同特征	视图	共同特征
铅垂线	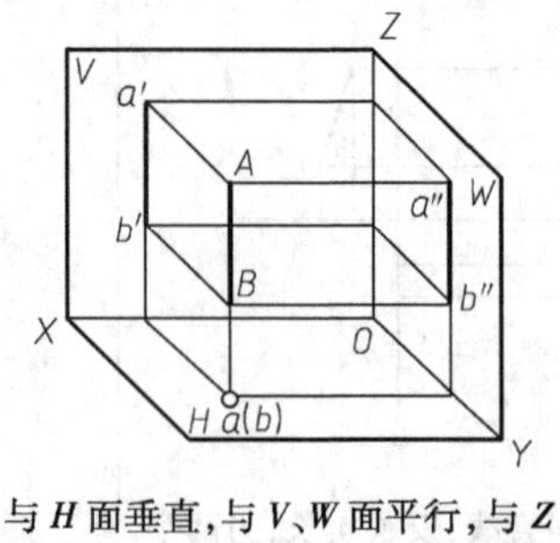 与 H 面垂直，与 V、W 面平行，与 Z 轴平行	与一个投影面垂直，与另两个投影面平行（“一垂两平”）	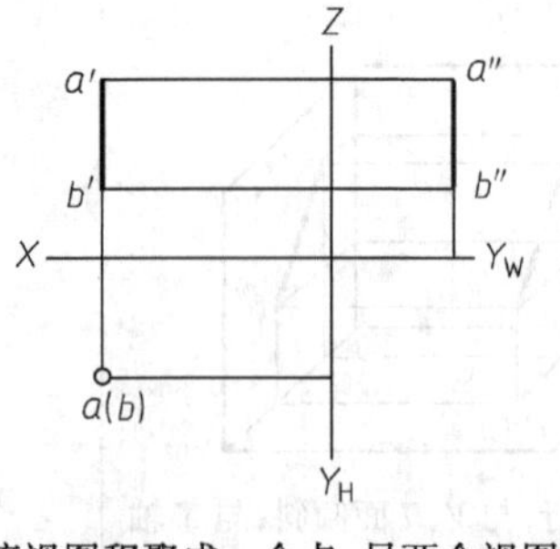 俯视图积聚成一个点，另两个视图都平行于 Z 轴	在垂直面上的投影积聚成一点，另两个视图都平行于与它平行的那一根坐标轴（“一点两平”）

（续）

项目	空间位置		三视图	
	轴测图	共同特征	视图	共同特征
正垂线	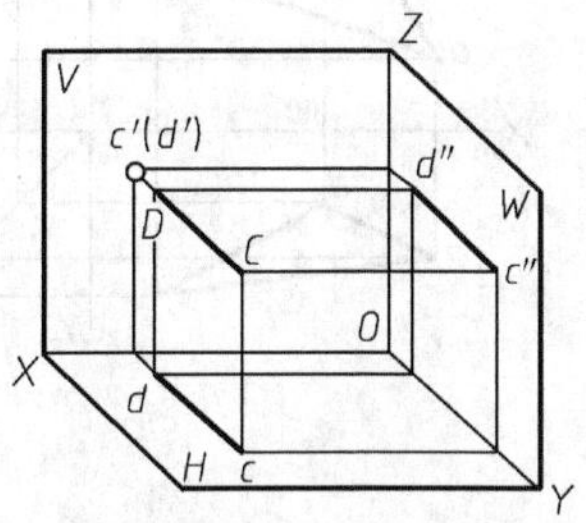与 V 面垂直，与 H、W 面平行，与 Y 轴平行	与一个投影面垂直，与另两个投影面平行（“一垂两平”）	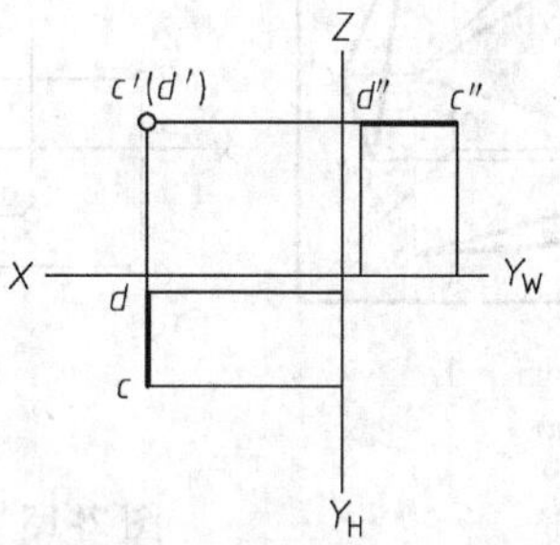主视图积聚成一个点，另两个视图都平行于 Y 轴	在垂直面上的投影积聚成一点，另两个视图都平行于与它平行的那一根坐标轴（“一点两平”）
侧垂线	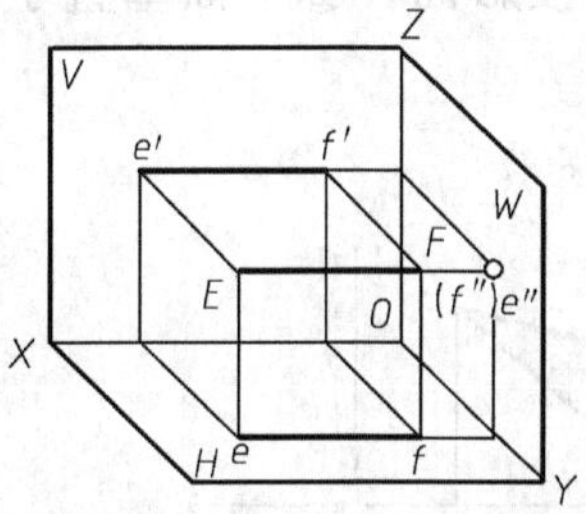与 W 面垂直，与 V、H 面平行，与 X 轴平行		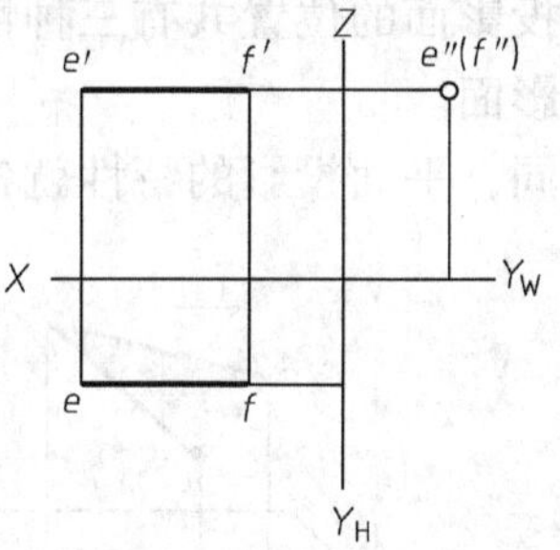左视图积聚成一个点，另两个视图都平行于 X 轴	

三、直线与三投影面倾斜时的投影

对投影面 V、H、W 都倾斜的空间直线称为一般位置直线，可参见图 2-10b。由于和三个投影面都倾斜，故此一般位置直线的三面投影均不反应空间线段的实长。一般位置直线的投影特性是：三个投影都倾斜于投影轴，投影长度小于空间线段实长。

第四节　平面的投影

本节所研究的平面，均指平面的有限部分——平面图形。

一、平面的三面投影

平面图形的边是由一些线段（直线段或曲线段）组成的，因此，平面图形的投影就是组成此平面图形各线段投影的集合，见图 2-15a。

由直线的作图方法，可导出平面图形的作图方法如下：

1）求出平面图形各顶点的投影，见图 2-15b。

2）顺次连接各顶点的同面投影，即得平面图形的投影，见图 2-15c。

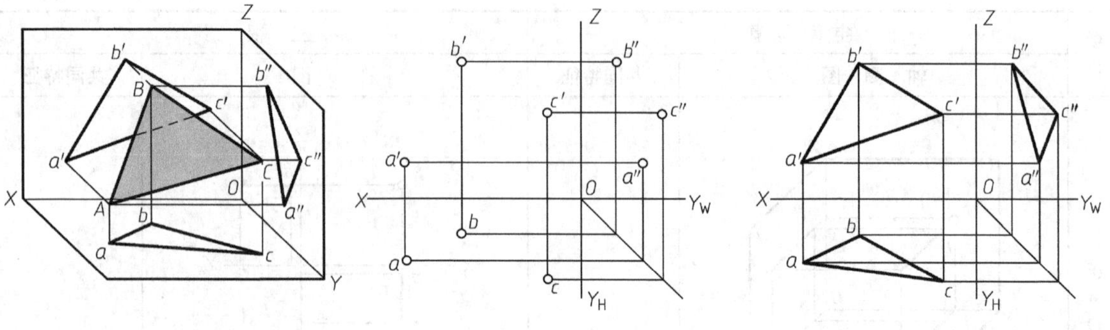

a)　　b)　　c)

图 2-15　平面图形的三面投影

二、各种位置平面的投影特性

平面相对于投影面的位置共有三种情况：①平面平行于投影面；②平面垂直于投影面；③平面倾斜于投影面。

由于位置不同，平面投影的特性就各有不同，见图 2-16。

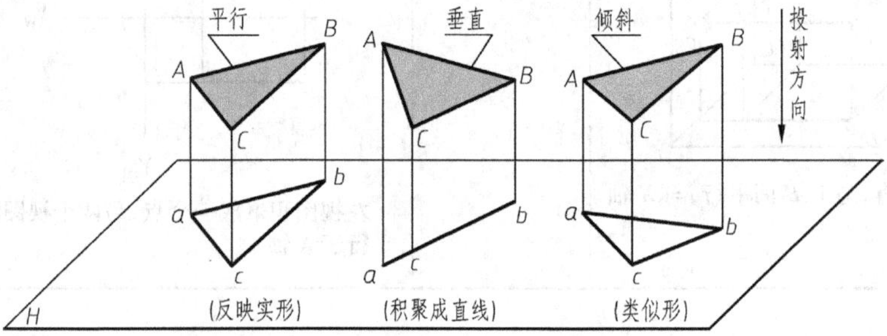

图 2-16　各种位置平面的投影特性

（1）投影面平行面　平行于一个投影面的平面，统称为投影面平行面。

平行于 *H* 面的平面，称为水平面；平行于 *V* 面的平面，称为正平面；平行于 *W* 面的平面，称为侧平面。

下面以水平面为例，来说明其投影特性，见表 2-3。

表 2-3　投影面平行面的投影特性

名称	水平面(平行于 *H*)	正平面(平行于 *V*)	侧平面(平行于 *W*)
轴测图	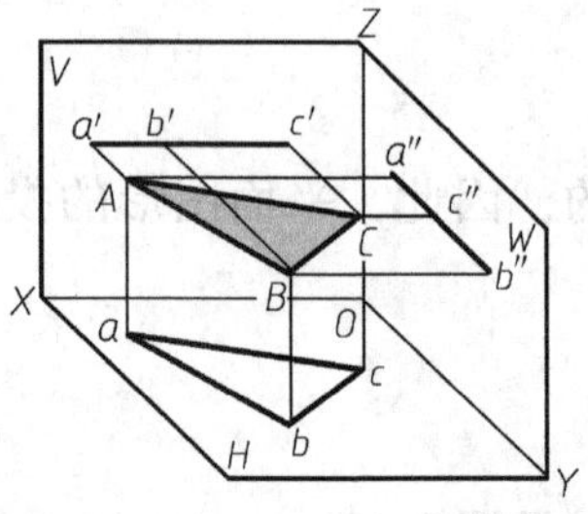	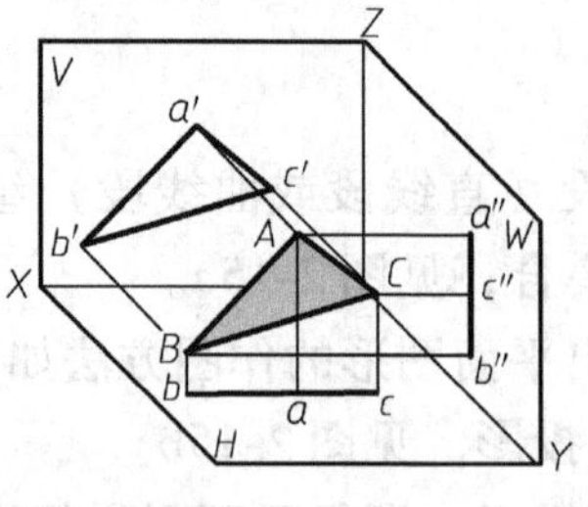	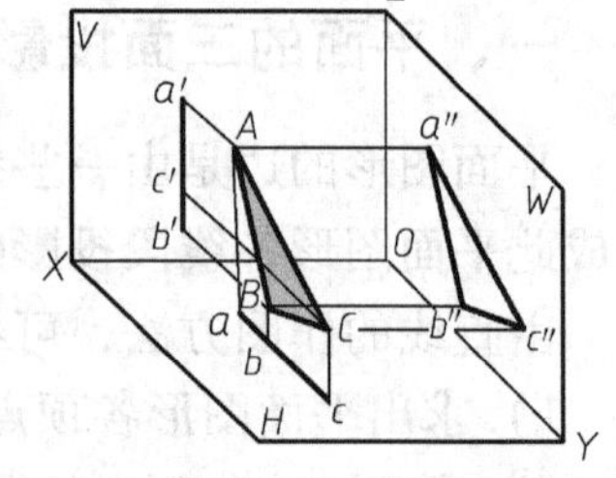

（续）

名称	水平面（平行于 *H*）	正平面（平行于 *V*）	侧平面（平行于 *W*）
投影图	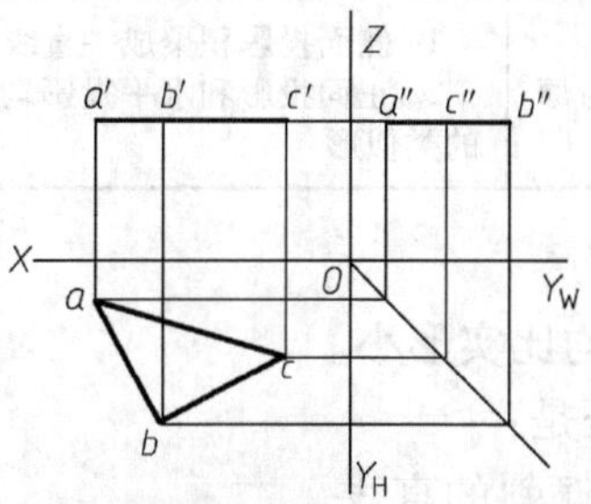	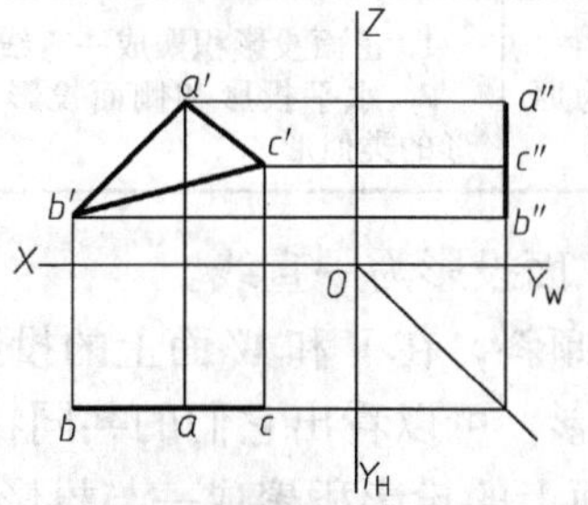	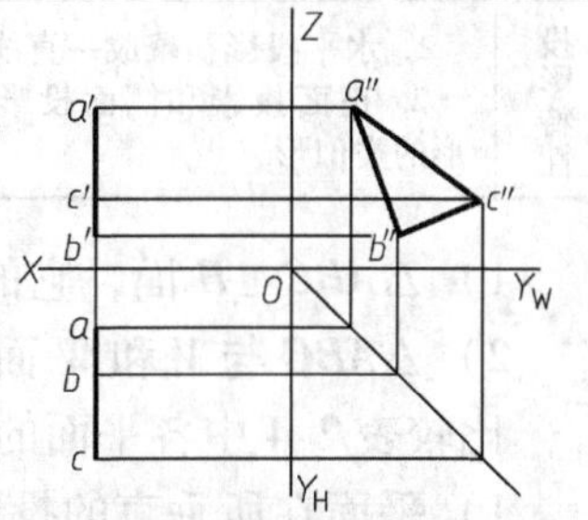
投影特性	1. 水平投影反映实形 2. 正面投影积聚成一直线，且平行于 *OX* 轴 3. 侧面投影积聚成一直线，且平行于 OY_W 轴	1. 正面投影反映实形 2. 水平投影积聚成一直线，且平行于 *OX* 轴 3. 侧面投影积聚成一直线，且平行于 *OZ* 轴	1. 侧面投影反映实形 2. 水平投影积聚成一直线，且平行于 OY_H 轴 3. 正面投影积聚成一直线，且平行于 *OZ* 轴

△*ABC* 平行于 *H* 面，则必与其他两面（*V* 和 *W*）垂直，因此：

1）*H* 面投影反映实形。

2）*V* 面和 *W* 面投影均为直线，并且分别平行于投影轴 *OX* 和 OY_W。

比较表 2-3 中各平面的投影，可以看出它们的共同特征是：

1）平面在所平行的投影面上的投影反映实形。

2）平面在其他两面的投影均积聚成一直线，且分别平行于相应的投影轴。

（2）投影面垂直面　垂直于一个投影面，且倾斜于其他两个投影面的空间平面，统称为投影面垂直面。

垂直于 *H* 面的平面，称为铅垂面；垂直于 *V* 面的平面，称为正垂面；垂直于 *W* 面的平面，称为侧垂面。

下面以铅垂面为例，来说明其投影特性，见表 2-4。

表 2-4　投影面垂直面的投影特性

名称	铅垂面（垂直于 *H*）	正垂面（垂直于 *V*）	侧垂面（垂直于 *W*）
轴测图	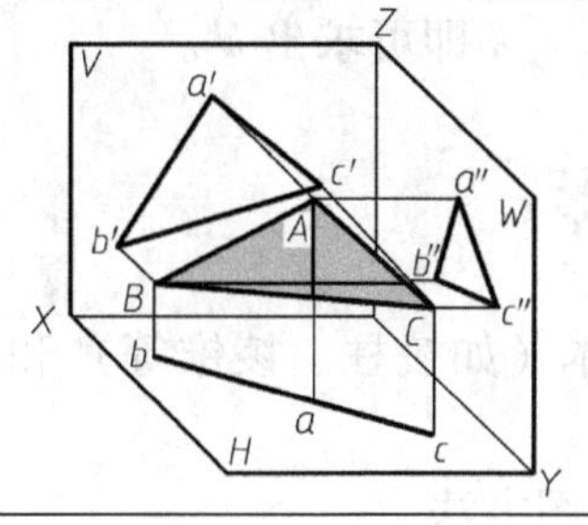	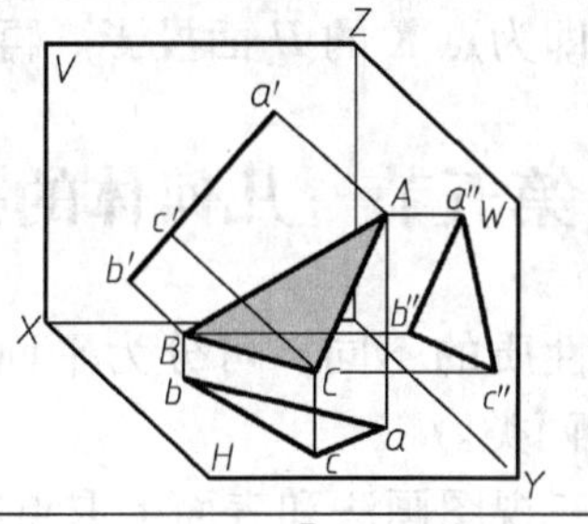	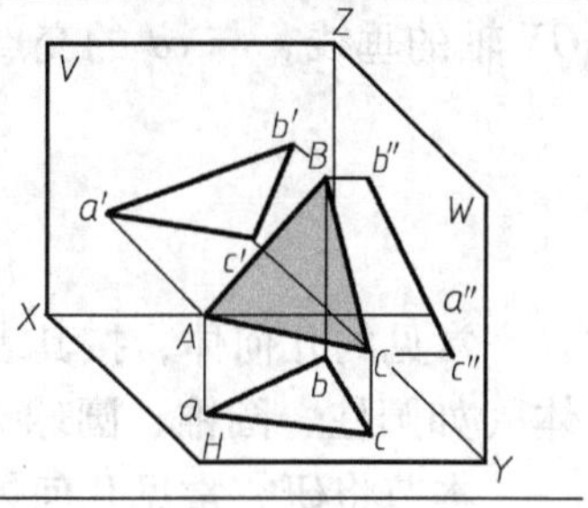
投影图	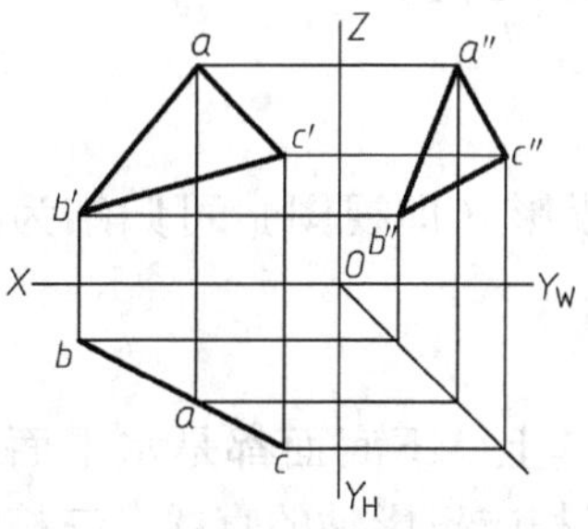	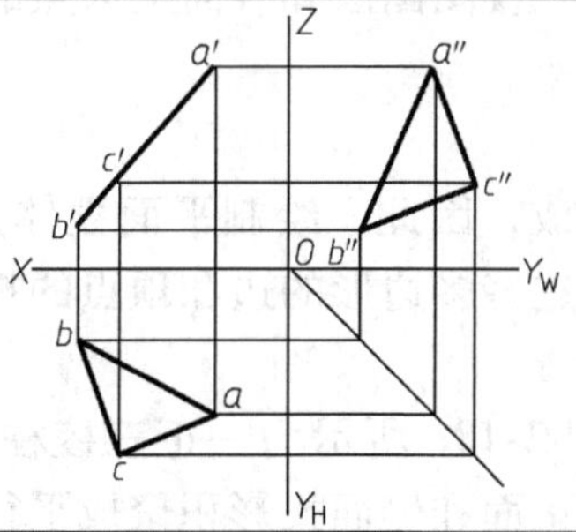	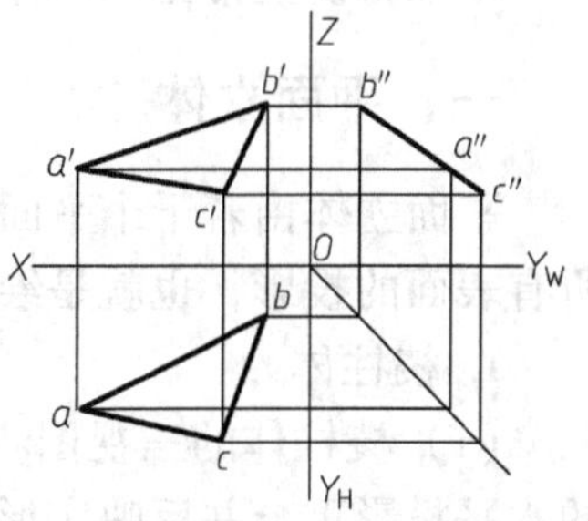

（续）

名称	铅垂面（垂直于 H）	正垂面（垂直于 V）	侧垂面（垂直于 W）
投影特性	1. 水平投影积聚成一直线 2. 正面投影和侧面投影均为原形的类似形	1. 正面投影积聚成一直线 2. 水平投影和侧面投影均为原形的类似形	1. 侧面投影积聚成一直线 2. 正面投影和水平投影均为原形的类似形

1）$\triangle ABC \perp H$ 面，它的 H 面投影为一直线。

2）$\triangle ABC$ 与 V 和 W 面均倾斜，在 V 和 W 面上的投影均比实形小。

比较表 2-4 中各平面的投影，可以看出它们的共同特征是：

1）平面在所垂直的投影面上的投影积聚成一与投影轴倾斜的直线。

2）平面的其他两面投影均为比原形小的类似形。

（3）投影面倾斜面　对三个投影面都倾斜的平面，称为一般位置平面，见图 2-15。

由于一般位置平面对三个投影面都是倾斜的，所以它的三面投影都不可能积聚成直线，也不可能反映实形，而是小于原平面图形的类似形。

由于一般位置平面的投影都不是直线，所以在求平面上点的投影时，需要在平面上作一条辅助线。

例　已知 $\triangle ABC$ 上的一点 K 的 V 面投影（图 2-17），求作 K 点的另两面投影。

解： 直线在平面上的几何条件是：若一直线通过平面上的两个点，则此直线必在该平面上。据此，在求平面上点的投影时，可先在平面上取线，再在线上取点。

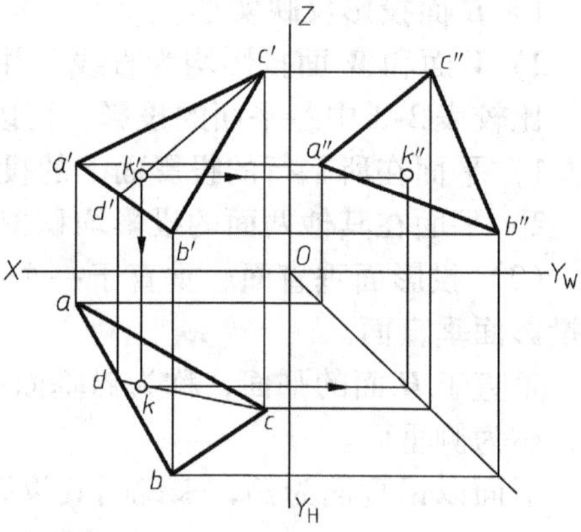

图 2-17　求一般位置平面上的点

作图过程如下：在 V 面投影中，过 c'、k' 作辅助线与 $a'b'$ 相交于 d'。由 d' 作 OX 轴的垂线，与 ab 相交于 d，则 cd 即为辅助线的 H 面投影。再由 k' 作 OX 轴的垂线，与 cd 的交点 K 即为点 K 的 H 面投影。再由 k'、k 即可求出 k''。

第五节　几何体的投影

常见的几何体，按其表面性质的不同，可分为平面立体（如棱柱、棱锥等）和曲面立体（如圆柱、圆锥、圆球等）两类。

本节将研究常见几何体的三视图画法和表面上取点的作图方法。

一、平面立体

平面立体由若干个平面围成，因此，绘制平面立体的投影（即视图）可归结为绘制其所有表面的投影，也就是绘制这些多边形的边和顶点的投影。

1. 棱柱体

（1）棱柱体的三视图　图 2-18a 所示为一正三棱柱。其上、下底面都是水平面，它们的水平投影重合并反映实形，正面和侧面投影积聚成平行于相应投影轴的直线。三棱柱有三

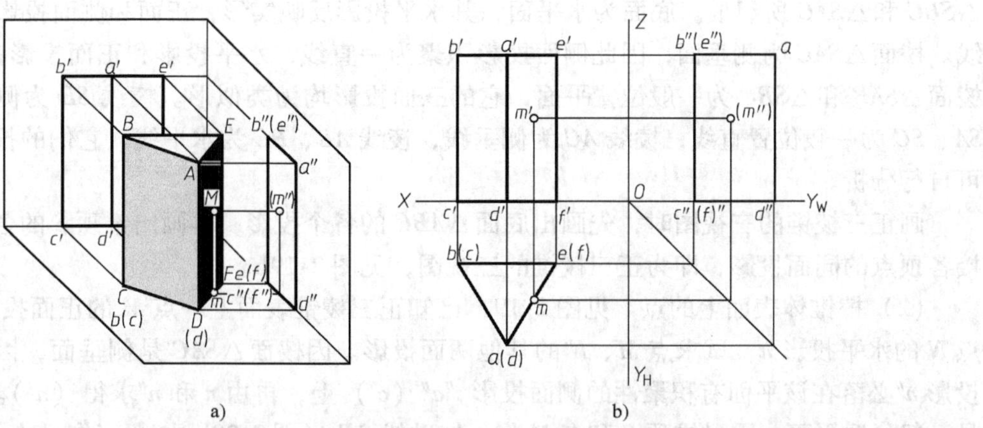

图 2-18　正三棱柱的三视图及体表面上点的求法

个棱面，后面是正平面，正面投影反映实形，水平投影和侧面投影分别积聚成一直线。其余两侧面为铅垂面，其水平投影分别积聚成倾斜于投影轴的直线，正面投影和侧面投影都是缩小的类似形（矩形）。将上、下底面及三个棱面的投影画出后，即得正三棱柱的三视图，见图 2-18b。

画棱柱的三视图时，一般先画上、下底面的三个投影，然后将上、下底面对应顶点的同面投影连接起来，即为棱线的投影（如棱线的投影处于不可见位置，在图中须用虚线表示）。

（2）棱柱体表面上的点　在平面立体表面上取点、取线的方法与在平面上取点、取线的方法是一样的，但在体表面上取点时，必须首先确定该点是在平面立体的哪一个棱面上。

例如，已知三棱柱表面上一点 M 的正面投影 m'（图 2-18b），求 m 和 m''的方法是：按 m'的位置和可见性，可判定点 M 在三棱柱的右侧棱面上。因点 M 所在平面 $AEFD$ 为铅垂面，因此，其水平投影 m 必落在该平面有积聚性的水平投影 $aefd$ 上。于是根据 m'和 m 即可求出侧面投影 m''。由于点 M 在三棱柱的右侧面上，该棱面的侧面投影为不可见，故 m''为不可见（需加括号）。

2. 棱锥体

（1）棱锥的三视图　图 2-19a 所示为一正三棱锥。它由底面△ABC 和三个棱面△SAB、

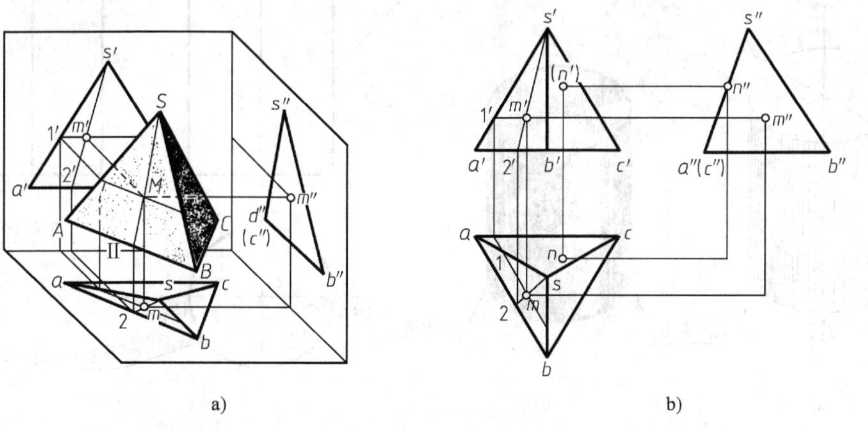

图 2-19　正三棱锥的三视图及体表面上点的求法

△SBC 和△SAC 所组成。底面为水平面，其水平投影反映实形，正面和侧面投影积聚为一直线。棱面△SAC 为侧垂面，因此侧面投影积聚为一直线，水平投影和正面投影都是类似形。棱面△SAB 和△SBC 为一般位置平面，它的三面投影均为类似形。棱线 SB 为侧平线，棱线 SA、SC 为一般位置直线，棱线 AC 为侧垂线，棱线 AB、BC 为水平线。它们的投影特性读者可自行分析。

画正三棱锥的三视图时，先画出底面△ABC 的各个投影，再画出锥顶 S 的各个投影，连接各顶点的同面投影，即为正三棱锥的三视图，见图 2-19b。

（2）棱锥体表面上的点　见图 2-19，已知正三棱锥表面上一点 M 的正面投影 m' 和另一点 N 的水平投影 n，试求点 M、N 的其他两面投影。因棱面△SAC 是侧垂面，因此，其侧面投影 n'' 必落在该平面有积聚性的侧面投影 $s''a''$（c''）上，再由 n 和 n'' 求得（n'）。棱面△SAB 是一般位置平面，需过锥顶 S 和点 M 作一辅助线 SⅡ（图 2-20b 中过 m' 作 $s'2'$，其水平投影为 $s2$），然后根据点在直线上的投影特性求出其水平投影 m，再由 m'、m 求出侧面投影 m''。若过点 M 作一水平辅助线ⅠM，同样可求出点 M 的其他两投影。

点 M 和点 N 的各面投影的可见性问题，希望读者自行分析。

二、回转体

由一条母线（直线或曲线）围绕轴线回转而形成的表面，称为回转面；由回转面或回转面与平面所围成的立体，称为回转体。

圆柱、圆锥、圆球等都是回转体，它们的画法和回转面的形成条件有关。下面分别介绍。

1. 圆柱体

（1）圆柱面的形成　见图 2-20a，圆柱面可看作一条直线 AB 围绕与它平行的轴线 OO 回转而成。OO 称为回转轴，直线 AB 称为母线，母线转至任一位置时称为素线。

（2）圆柱体的三视图　图 2-20c 所示为圆柱体的三视图。俯视图为一圆线框。由于圆柱轴线是铅垂线，圆柱面上所有直素线都是铅垂线，因此，圆柱面的水平投影有积聚性，成

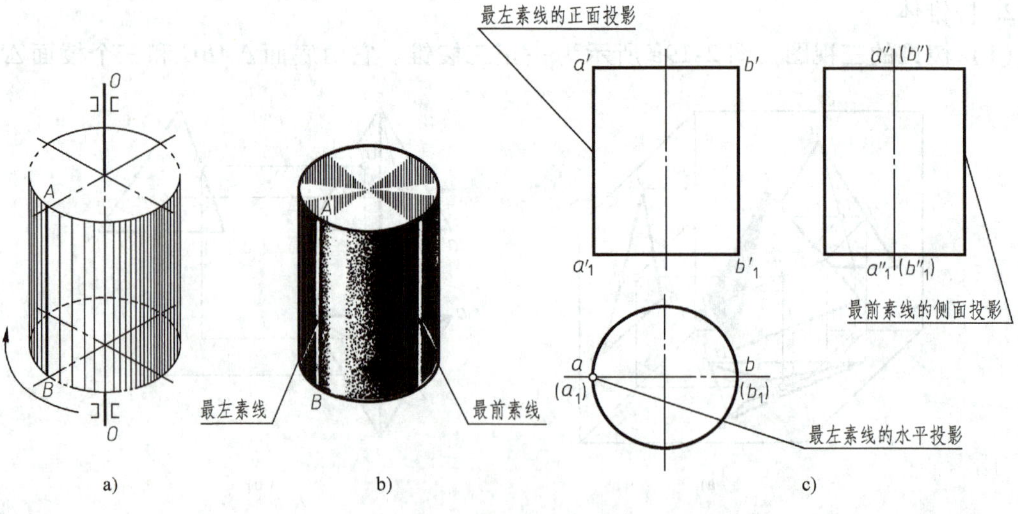

图 2-20　圆柱体的形成及三视图画法

为一个圆。也就是说，圆周上的任一点，都对应圆柱面上某一位置直素线的水平投影。同时，圆柱顶面、底面的投影（反映实形），也与该圆相重合。

主视图的矩形线框表示圆柱面的投影。矩形的上、下两边分别为顶、底面的积聚性投影；左、右两边 $a'a_1'$、$b'b_1'$ 分别是圆柱最左、最右素线的投影，其水平投影积聚成点，在圆周与前后对称中心线的交点处，该二素线的侧面投影与轴线的侧面投影重合，不需画出。最左、最右素线（AA_1、BB_1）是圆柱面由前向后的转向线，它们把圆柱面分成前、后两半，是主视图上圆柱面可见部分与不可见部分的分界线。

对于左视图的矩形线框，读者可参看图 2-20 与主视图的矩形线框作类似的分析。

画圆柱体的三视图时，一般先画出各投影的中心线，然后画出圆柱面投影具有积聚性的圆，最后根据圆柱体的高度和投影规律画出其他两视图。

（3）圆柱体表面上的点　见图 2-21，已知圆柱体表面上点 M 的正面投影 m'，求另两面投影 m 和 m''。根据给定的 m'（可见）的位置，可判定点 M 在前半圆柱面的左半部分；因圆柱面的水平投影有积聚性，所以 m 必在前半圆周的左部，m''（可见）可根据 m' 和 m 求得。

又知圆柱面上点 N 的侧面投影 n''，求另两面投影 n 和 n'。其求法及可见性请读者自行分析。

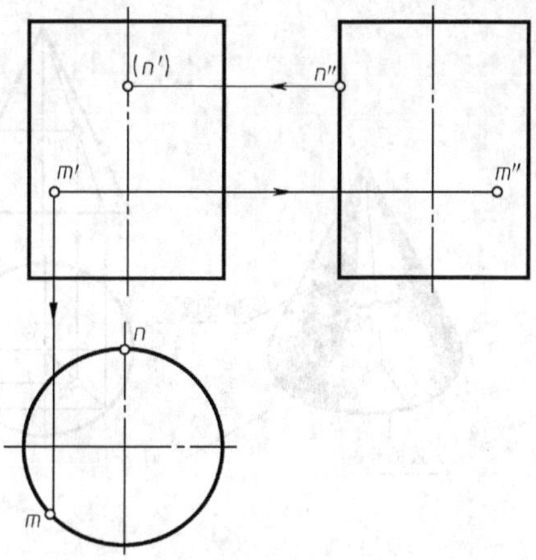

图 2-21　圆柱体表面上点的求法

2. 圆锥体

（1）圆锥面的形成　圆锥面可看作由一条直母线 SA 围绕和它相交的轴线回转而成，见图 2-22a 所示。

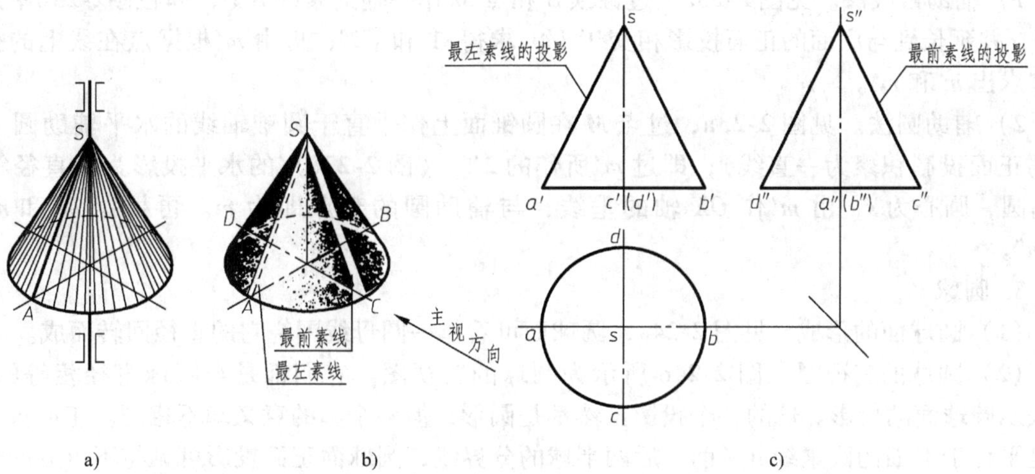

图 2-22　圆锥的形成及三视图的画法

（2）圆锥体的三视图　图 2-22c 所示为圆锥体的三视图。俯视图的圆形反映圆锥体底面的实形，同时也表示圆锥面的投影。

主、左视图为等腰三角形线框，其下边为圆锥底面的积聚性投影。主视图中三角形的左、右两边，分别表示圆锥面最左、最右素线 SA、SB（反映实长）的投影，它们是圆锥面正面投影可见与不可见部分的分界线；左视图中三角形的两边分别表示圆锥面最前、最后素线 SC、SD 的投影（反映实长），它们是圆锥面侧面投影可见与不可见部分的分界线。上述四条线的其他两面投影，请读者自行分析。

画圆锥的三视图时，先画出圆锥底面的各个投影，再画出锥顶点的投影，然后分别画出特殊位置素线的投影，即完成圆锥的三视图。

（3）圆锥体表面上的点　见图 2-23，已知圆锥体表面上点 M 的正面投影 m'，求 m 和 m''。根据 M 的位置和可见性，可判定点 M 在前、左圆锥面上，因此，点 M 的三面投影均为可见。

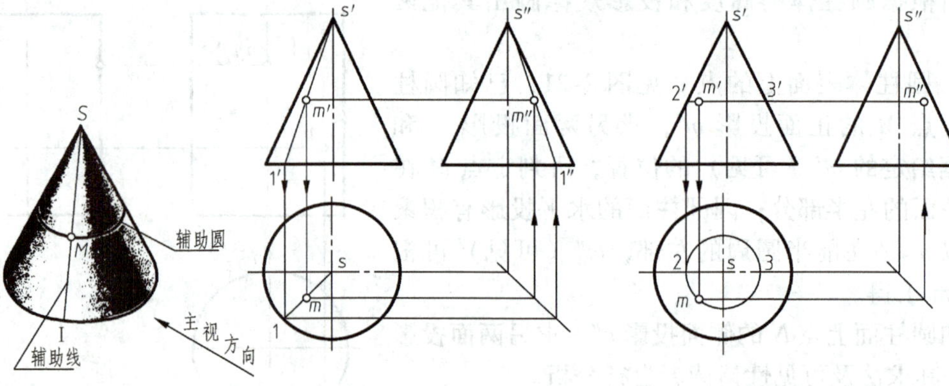

a)　　b)　　c)

图 2-23　圆锥体表面上的点的求法

作图可采用如下两种方法：

1）辅助素线法。见图 2-23a，过锥顶 S 和点 M 作一辅助素线 SⅠ，即在图2-23b中连接 $s'm'$，并延长到与底面的正面投影相交于 $1'$，求得 $s1$ 和 $s''1''$；再由 m' 根据点在线上的投影规律求出 m 和 m''。

2）辅助圆法。见图 2-23a，过点 M 在圆锥面上作垂直于圆锥轴线的水平辅助圆（该圆的正面投影积聚为一直线），即过 m' 所作的 $2'3'$（图 2-23c）的水平投影为一直径等 $2'3'$ 的圆，圆心为 s，由 m' 作 OX 轴的垂线，与辅助圆的交点即为 m。再根据 m' 和 m 求出 m''。

3. 圆球

（1）圆球面的形成　见图 2-24a，圆球面可看作一圆母线围绕它的直径回转而成。

（2）圆球的三视图　图 2-24c 所示为圆球的三视图。它们都是与圆球直径相等的圆，均表示圆球面的投影。球的各个投影虽然都是圆形，但各个圆的意义却不相同。正面投影的圆是平行于 V 面的圆素线 A（前、后两半球的分界线，圆球面正面投影可见与不可见的分界线）的投影（图 2-24b）；按此作类似地分析，水平投影的圆，是平行于 H 面的圆素线 B 的投影；侧面投影的圆，是平行于 W 面的圆素线 C 的投影。这三条圆素线的其他两面投影，都与圆的相应中心线重合。

（3）圆球表面上的点　见图 2-24c，已知圆球表面上的点 M 的水平投影 m，求其他两面投影。根据 M 的位置和可见性，可判定点 M 在前半球的左上部分，因此点 M 的三面投影均

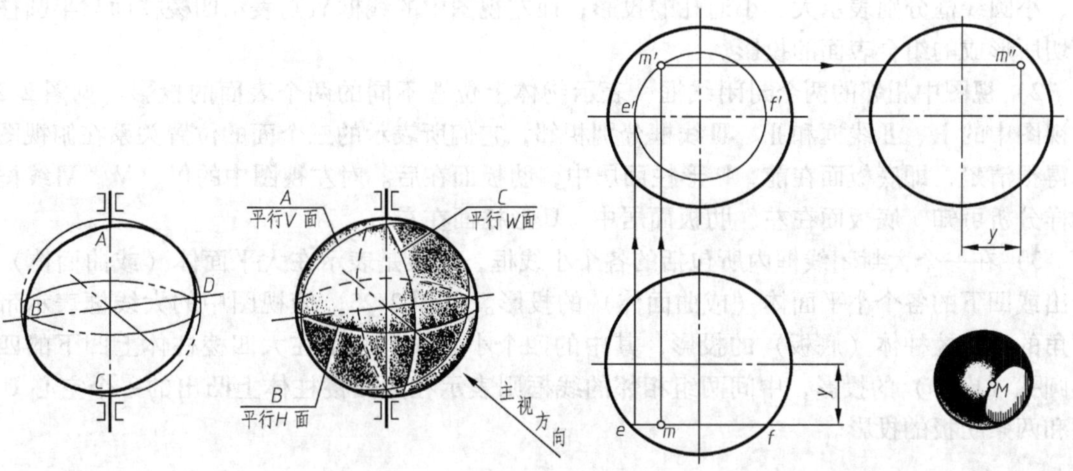

a)　　b)　　c)

图 2-24　圆球面的形成、三视图的画法及圆球表面上点的求法

为可见。

作图应采用辅助圆法，即过点 m 在球面上作一平行于正面的辅助圆（也可作平行于水平面或侧面的圆）。因点在辅助圆上，故点的投影必在辅助圆的同面投影上。

作图时，先在水平投影中过 m 作 $ef /\!/ OX$，ef 为辅助圆在水平投影面上的积聚性投影（其正面投影为直径等于 ef 的圆），由 m 作 OX 轴的垂线，与辅助圆正面投影的交点（因 m 可见，应取上面的交点）即为 m'，再据 m、m' 求得 m''。

三、线框的含义

视图是由若干个线框组成的，因此，搞清线框的含义，对学习画图和看图都有帮助。

1）视图中的每个封闭线框，均表示物体的一个表面（平面、曲面及其组合面）或孔的投影。见图 2-25a，主视图中的封闭线框Ⅰ、Ⅱ、Ⅲ分别表示底板、肋板、U 形柱前表面的投影（此例也表示其后表面的投影，而线框分析是常对一个表面而言的）；主、俯视图中的

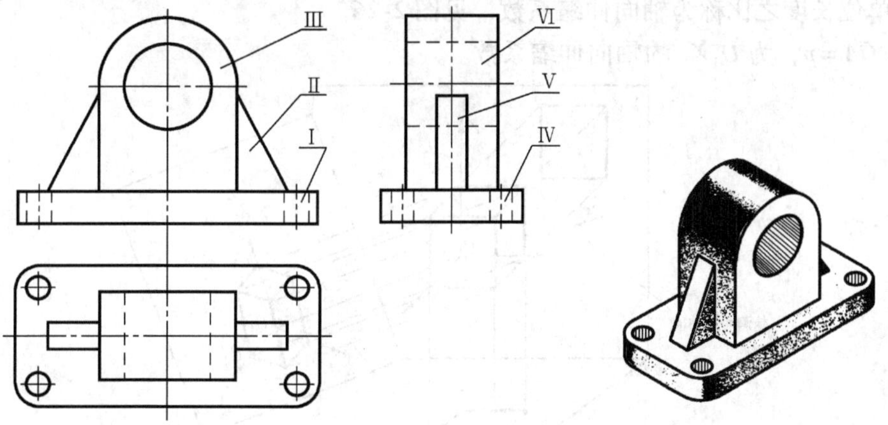

a)　　b)

图 2-25　线框的含义

大、小圆线框分别表示大、小通孔的投影；而左视图中的线框Ⅵ则表示四棱柱面与半圆柱面相切所形成的组合表面的投影。

2）视图中相邻的两个封闭线框，表示物体上位置不同的两个表面的投影。见图 2-25a 主视图中的Ⅰ、Ⅱ线框和Ⅱ、Ⅲ线框分别相邻，它们所表示的三个面的位置关系在俯视图中看得很清楚，即底板面在前，U 形柱面居中，肋板面在后。对左视图中的Ⅳ、Ⅴ、Ⅵ线框作同样分析可知，底板面在左，肋板面居中，U 形柱面在右。

3）在一个大封闭线框内所包括的各个小线框，一般是表示在大平面体（或曲面体）上凸出或凹下的各个小平面体（或曲面体）的投影。见图 2-25，俯视图中的大线框表示带有圆角的大四棱柱体（底板）的投影，其中的四个小圆线框表示在大四棱柱体上凹下的四个小圆孔（虚体）的投影，中间两组相邻的线框则表示在大四棱柱体上凸出的一个空心 U 形柱和两条肋板的投影。

第六节　轴测图的概念

物体的三视图具有能够准确地表达物体的形状、绘画方便、度量性强等的优点，但是，绘画和看懂这些图样则需要一定的投影理论知识及掌握看图的基本方法。为了弥补三视图的不足，工程上常常采用有立体感的轴测图。

一、轴测图的形成

将物体连同其直角坐标系，沿不平行于任一坐标平面的方向，用平行投影法将其投射在单一投影面（*P* 面）上所得具有立体感的图形称为轴测图，见图 2-26。投影面 *P* 称为轴测投影面。

二、轴间角和轴向伸缩系数

直角坐标系中的坐标轴 OX、OY、OZ 在轴测投影面上的投影 O_1X_1、O_1Y_1、O_1Z_1 称为轴测轴：相邻两轴测轴间的夹角称为轴间角；直角坐标轴的轴测投影的单位长度与相应直角坐标上的单位长度之比称为轴向伸缩系数，见图 2-26。

$O_1A_1/OA=p$，为 O_1X_1 的轴向伸缩系数。

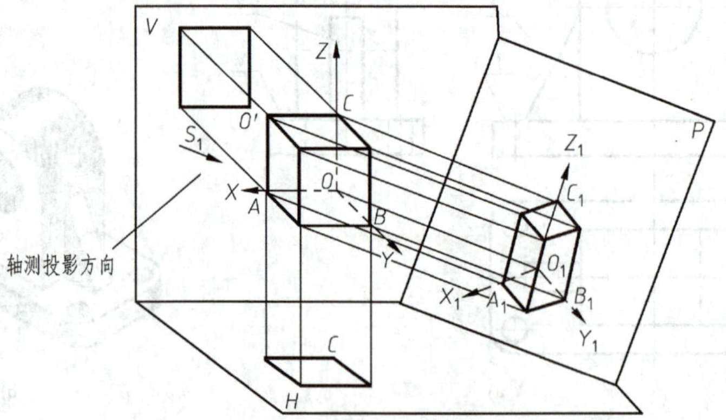

图 2-26　轴测图的形成

$O_1B_1/OB=q$，为 O_1Y_1 的轴向伸缩系数。

$O_1C_1/OC=r$，为 O_1Z_1 的轴向伸缩系数。

三、常用的两种轴测图

按投影方向与轴测投影面的夹角，轴测图可分为：

1）正轴测图。用正投影法得到的轴测投影。

2）斜轴测图。用斜投影法得到的轴测投影。

工程上常见的轴测图有正等轴测图和斜二等轴测图，见图2-27。

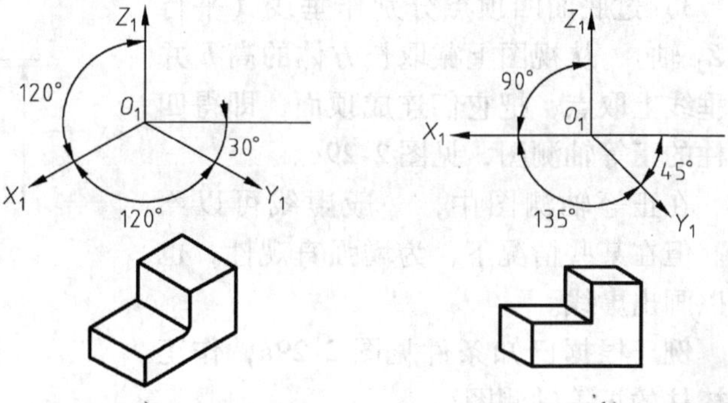

图2-27　正等轴测图与斜二等轴测图
a）正等测　b）斜二测

正等轴测图：三个轴向伸缩系数相等的正轴测投影，此时三个轴间角均为120°，$p=q=r\approx0.82$。为作图方便，常把轴向伸缩系数简化为1，即凡与轴测轴平行的线段，作图时按实长量取。

斜二等轴测图：轴测投影面平行于一个坐标平面，且平行于坐标平面的那两个轴的轴向伸缩系数相等的斜轴测投影，此时轴间角 $\angle X_1O_1Z_1=90°$，$\angle X_1O_1Y_1=\angle Y_1O_1Z_1=135°$，$p=r=1$，$q=0.5$，即轴测轴 Y_1 方向长度应缩短一半。

四、轴测图的投影特性

1）物体上与坐标轴平行的线段，其轴测图上也平行于相应轴测轴。

2）物体上相互平行的线段，其轴测图上也互相平行。

第七节　轴测图画法

一、正等轴测图的画法

以图2-28所示的长方体为例，介绍正等轴测图的画法。根据长方体的特点，可以把长

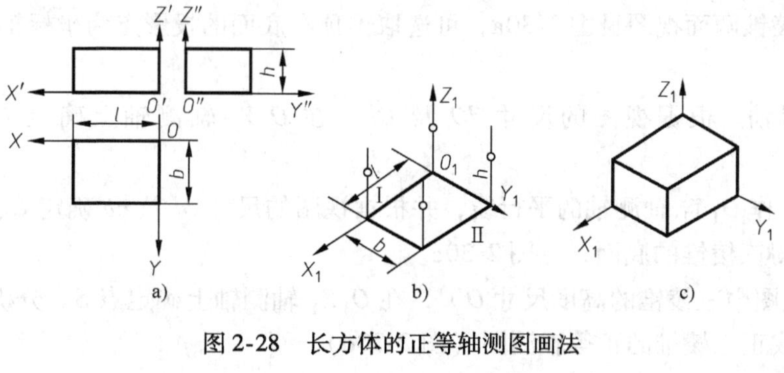

图2-28　长方体的正等轴测图画法

方体底面棱线的交点作为坐标原点（图 2-28a）。

作图步骤：

1）画出轴测轴 O_1X_1、O_1Y_1 和 O_1Z_1。从视图上截取长方体底面的长 l 和宽 b 并在 O_1X_1 和 O_1Y_1 上取Ⅰ、Ⅱ两点，使 O_1 Ⅰ $=l$，O_1 Ⅱ $=b$。

2）通过Ⅰ、Ⅱ两点作 O_1X_1 和 O_1Y_1 轴的平行线，即得长方体底面正等轴测图，见图 2-28b。

3）过底面四顶点分别作垂线（平行 O_1Z_1 轴），从视图上截取长方体的高 h 并在垂线上取点，把它们连成顶面，即得四棱柱的正等轴测图，见图 2-29c。

在正等轴测图中，一般虚线可以不画。但在某些情况下，为增强直观性，也可以画出虚线。

例　根据已知条件见图 2-29a，作正六棱柱的正等轴测图。

解： 由于正六棱柱的左右、前后对称，所以选取上表面的中点为坐标轴的原点。

作图步骤：

1）画正等轴测轴。根据正六棱柱视图的尺寸 $2a$ 和 b 在 O_1X_1、O_1Y_1 轴上确定点Ⅰ、Ⅱ、Ⅲ、Ⅳ见图 2-29b。

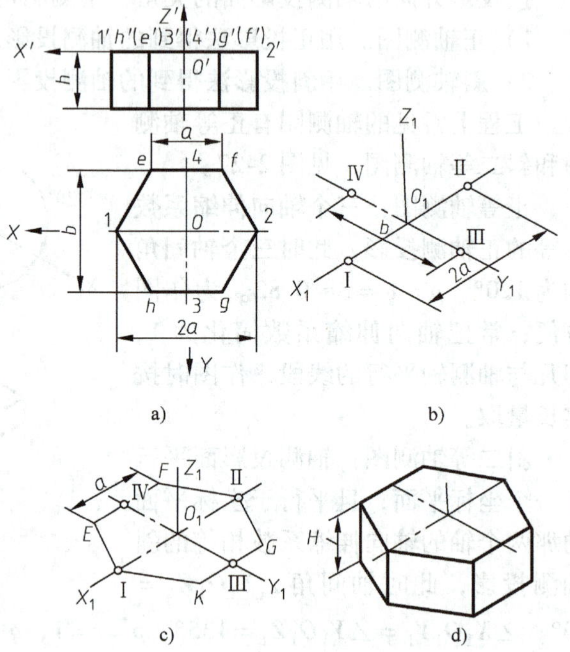

图 2-29　正六棱柱正等轴测图的画法

2）画上表面六边形的正等轴测图。过 O_1Y_1 轴上的点Ⅲ、Ⅳ作 O_1X_1 轴的平行线，根据视图上尺寸 a 的一半长度确定 E、F、K、G 点，并与Ⅰ、Ⅱ两点连成上表面六边形，见图2-29b、c。

3）完成正六棱柱的正等轴测图。过点 E、F、Ⅱ、G、K、Ⅰ向下作 Z_1 轴的平行线，并根据六棱柱的主视图高度 h 取点，连接各点可得底面六边形。分析可见性，连接各棱线并描深，即得正六棱柱的正等轴测图，见图 2-29d。

例　作正三棱锥的正等轴测图。

解： 正三棱锥两面视图见图 2-30a，可选取锥顶在底面的投影点为坐标轴的原点。

作图步骤：

1）画轴测轴。根据视图的尺寸 dO 及 Oa，在 O_1Y_1 轴测轴上确定 D、A 两点，见图2-30b。

2）过点 D 作 O_1X_1 轴测轴的平行线，并根据视图的尺寸 cd 及 db 确定 C、B 两点。连接 A、B、C 三点得三棱锥的底面，见图 2-30c。

3）根据视图中三棱锥的高度尺寸 $O's'$，在 O_1Z_1 轴测轴上确定点 S。分析可见性，连接各点，即可完成正三棱锥的正等轴测图（图 2-30d）。

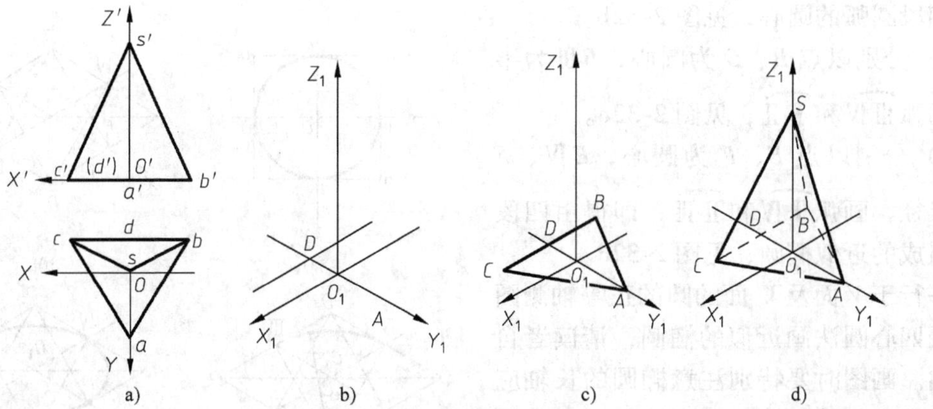

图 2-30　正三棱锥的正等轴测图

二、回转体的正等轴测图

1. 圆的正等轴测图

见图 2-31a，正方体上平行于三个不同坐标面的圆在正等轴测图中均为与菱形相切的椭圆。用三个平行于不同坐标平面的圆画成圆柱后的情况见图 2-31b。当圆平行于 H 面时，椭圆的长轴垂直于 O_1Z_1 轴测轴；当圆平行于 V 面时，椭圆的长轴垂直于 O_1Y_1 轴测轴；当圆平行于 W 面时，椭圆的长轴垂直于 O_1X_1 轴测轴。

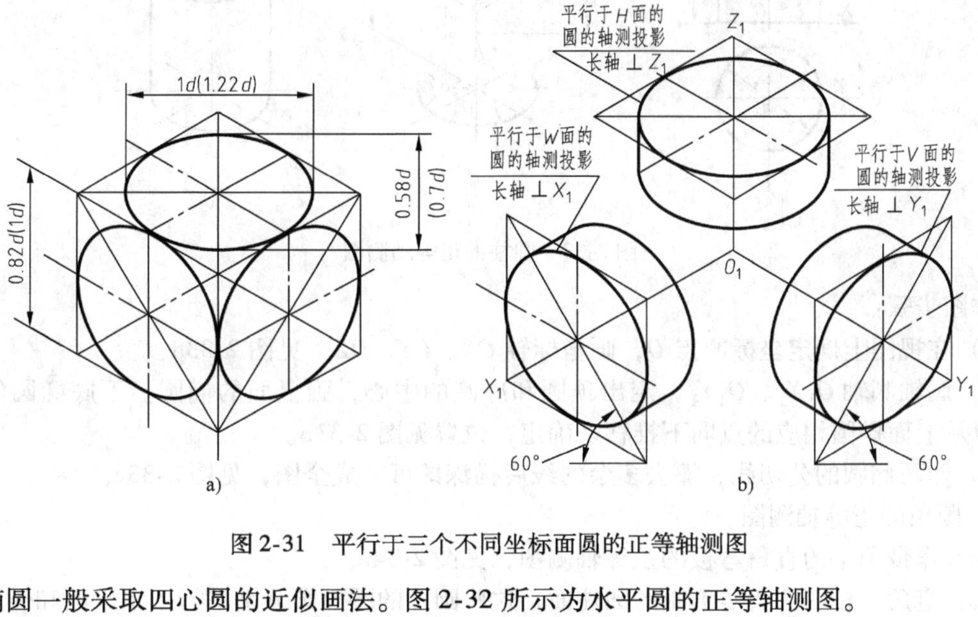

图 2-31　平行于三个不同坐标面圆的正等轴测图

椭圆一般采取四心圆的近似画法。图 2-32 所示为水平圆的正等轴测图。

作图步骤：

1）在视图上确定坐标轴 OX、OY 并作圆的外切正方形，见图 2-32a。

2）画轴测轴 O_1X_1、O_1Y_1。根据视图上圆的半径，在轴测轴上确定切点Ⅰ、Ⅱ、Ⅲ、Ⅳ的位置，由轴测轴上这些点作相应轴测轴的平行线并画出菱形，得交点 A、B、C、D。连 AC、BD，得椭圆长、短轴的方向。连接 BⅢ和 BⅣ交 AC 于点 E、F，点 A、B、E、F 即分别为四段圆弧的圆心，见图2-32b。

3）分别以点 B、D 为圆心，BⅢ为半径，画弧 $\widehat{\text{ⅢⅣ}}$ 和 $\widehat{\text{ⅠⅡ}}$，见图2-32c。

4）分别以点 E、F 为圆心，EⅣ、FⅢ为半径，画弧 $\widehat{\text{ⅠⅣ}}$ 和 $\widehat{\text{ⅡⅢ}}$，即得由四段圆弧组成的近似椭圆，见图2-32d。

平行于 V 面及 W 面的圆的正等轴测图也是用四心圆法画近似的椭圆，请读者自己画出。画图时要特别注意椭圆的长轴应垂直于相应的轴测轴。

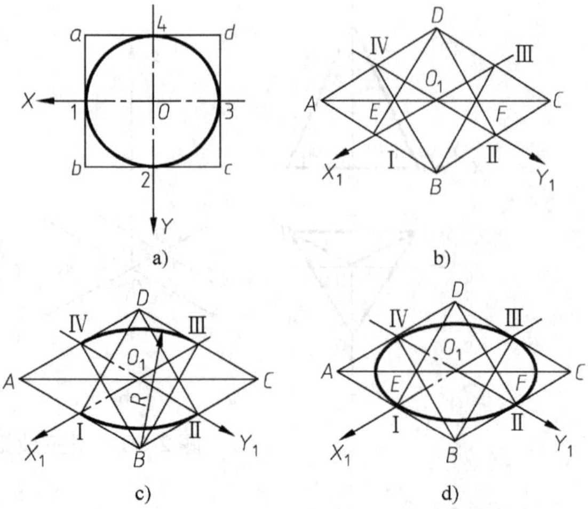

图2-32　水平圆正等轴测图的近似画法

2. 圆柱的正等轴测图

例　作圆柱的正等轴测图，见图2-33a。

解：该圆柱的顶圆和底圆都平行于 H 面。顶圆和底圆的正等轴测图都是长轴垂直于 O_1Z_1 轴测轴的椭圆。

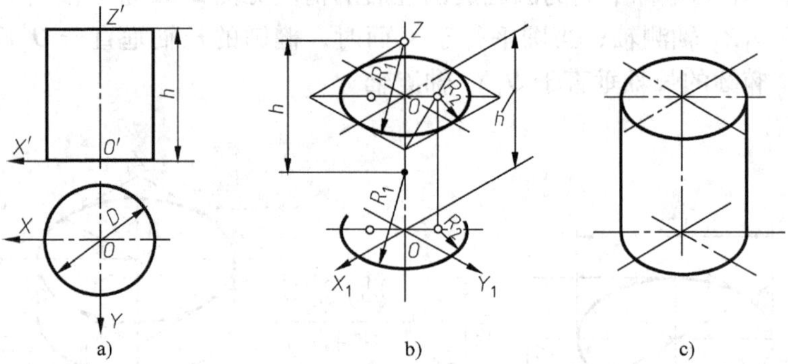

图2-33　圆柱的正等轴测图

作图步骤：

1）在视图上确定坐标原点 O，画坐标轴 OX、OY、OZ，见图2-33a。

2）画轴测轴 O_1X_1、O_1Y_1，定出顶圆和底圆的中心，画上面的椭圆。下底椭圆的四圆心可以从上面椭圆相应的点向下推移来确定，位置见图2-33b。

3）作两椭圆的公切线，擦去多余的线后描深即可完成全图，见图2-33c。

3. 圆角的正等轴测图

例　作带圆角的直角弯板的正等轴测图，见图2-34a。

解：直角弯板的圆角是1/4的圆柱面，这些圆柱的端面圆分别平行于水平面和侧面。

作图步骤：

1）根据三视图画不带圆角的直角弯板的正等轴测图，见图2-34b。

2）根据三视图圆角的半径 R_1 及 R_2 在正等轴测图上定切点，过切点作垂线，交点即为圆弧的圆心。

3）以各圆弧的圆心到其垂足的距离为半径画圆弧，即可画出圆角一端面的正等轴测

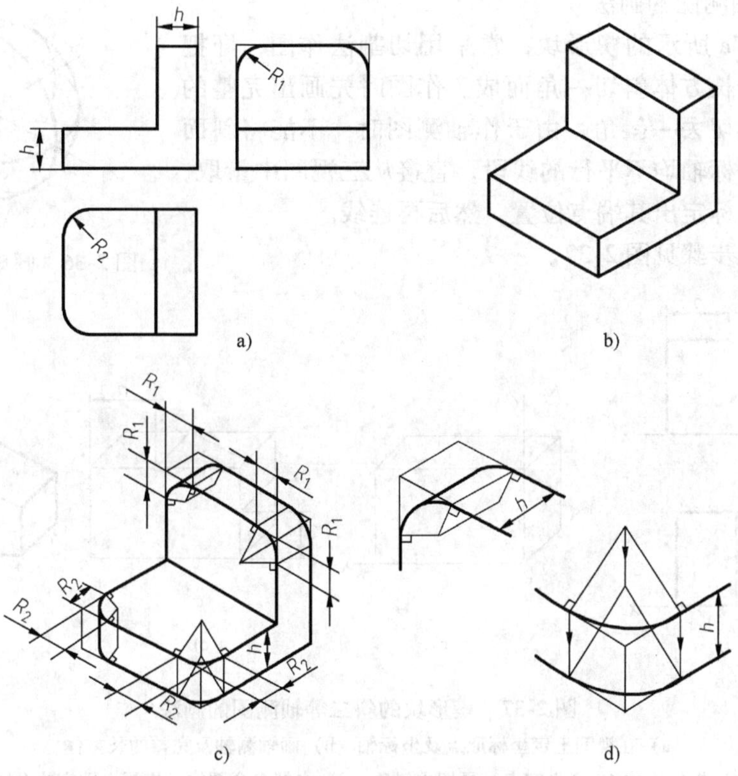

图 2-34　圆角的正等轴测图画法

图，见图 2-34c。

4）用圆心平移法，将圆心和切点向高、长度方向推移板的高、长度 h，即可画出圆角另一端面的正等轴测图，见图 2-34c、d。

4. 圆台的正等轴测图

图 2-35 所示的圆台，上下底均为平行于 W 面的圆，其正等轴测图是椭圆。椭圆的长轴垂直于 O_1X_1 轴测轴。圆台正等轴测图的轮廓线是两个椭圆的公切线。

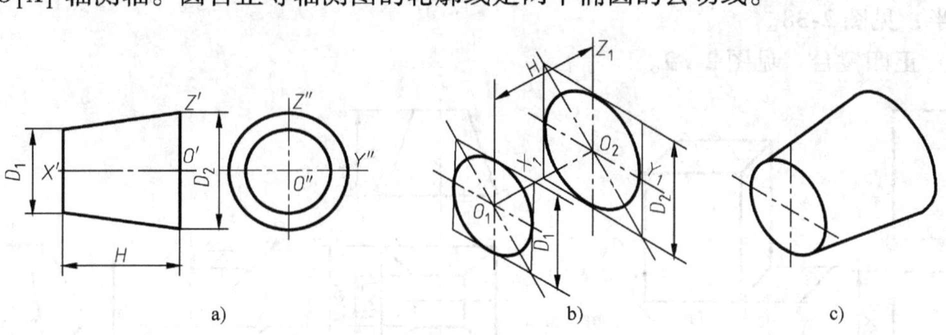

图 2-35　圆台的正等轴测图

5. 圆球的正等轴测图

圆球的正等轴测图是一个圆。为了直观，常画出三个与坐标面平行的转向轮廓线圆的轴测投影（椭圆），见图 2-36。

6. 斜二等轴测图的画法

对于图 2-37a 所示的楔形块，常采用切割法作图，即把它看成是由一个长方体斜切一角而成。作图时先画出完整的长方体，然后再切去一斜角。由于作轴测图时，不能将斜面上与三个直角坐标轴均不平行的线段，直接从三视图中量取，所以必须先按坐标定出其端点位置，然后再连线。

其具体作图步骤见图 2-37。

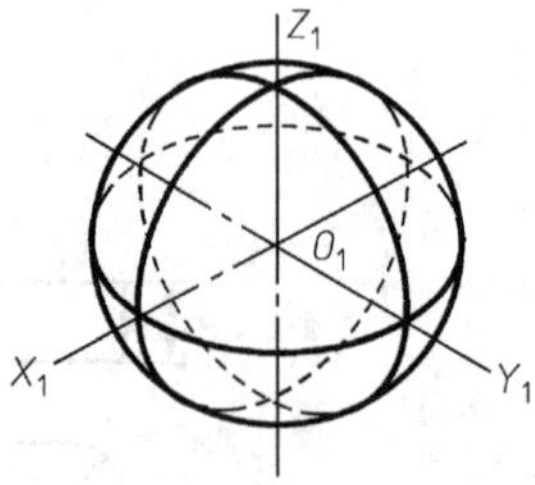

图 2-36　圆球的正等轴测图

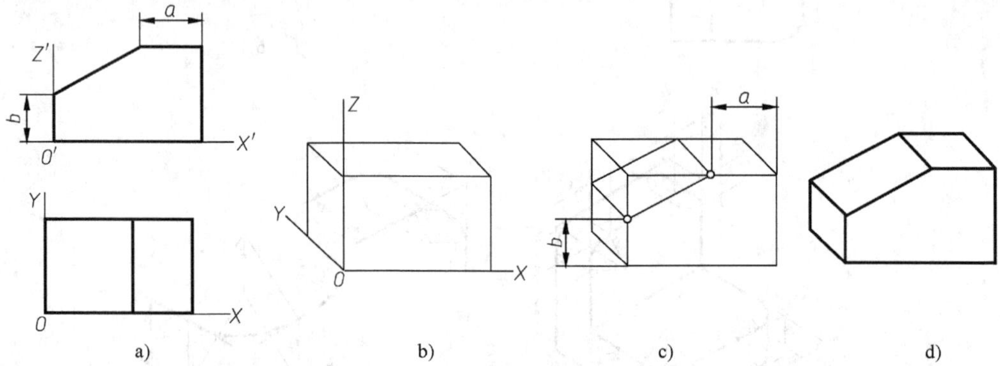

图 2-37　楔形块的斜二等轴测图的画法

a）在视图上定坐标原点及坐标轴　b）画轴测轴及完整的长方体

c）根据尺寸 A、B 先定点，再切去斜角　d）去掉多余图线，描深，即完成全图

这里要特别指出：在根据视图画斜二等轴测图时，与 Y 轴平行的线段，其长度只能取一半。

从上述两例的作图过程中可知，画平面立体的轴测图时，一般总是先画出物体上一个主要表面的轴测图。通常是先画顶面再画底面；有时需要先画前面再画后面，或者先画左面再画右面。这样，往往可避免多画不必要的作图线。

（1）正四棱柱　正四棱柱的斜二等轴测图上 XOZ 面矩形形状不变，Y 方向取正方形边长的一半，见图 2-38。

（2）正四棱台　见图 2-39。

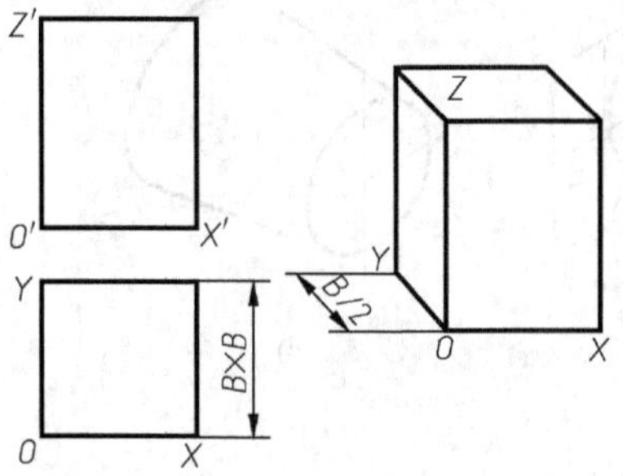

图 2-38　正四棱柱斜二等轴测图

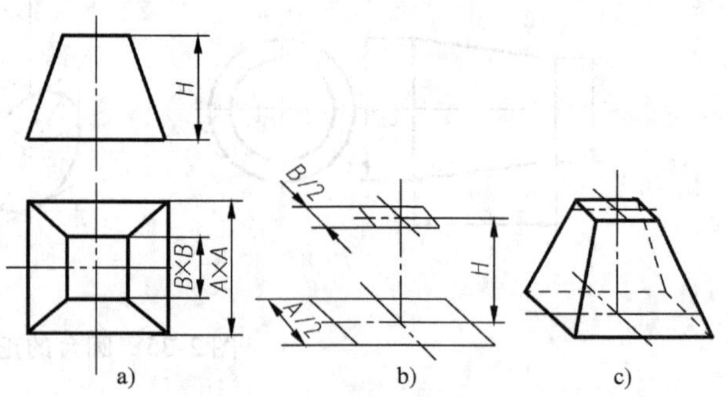

图 2-39　正四棱台的斜二等轴测图

a）两视图　b）作底面和顶面正方形的轴测投影，两个面相距 H　c）连线并描深

（3）空心圆锥台　见图2-40。

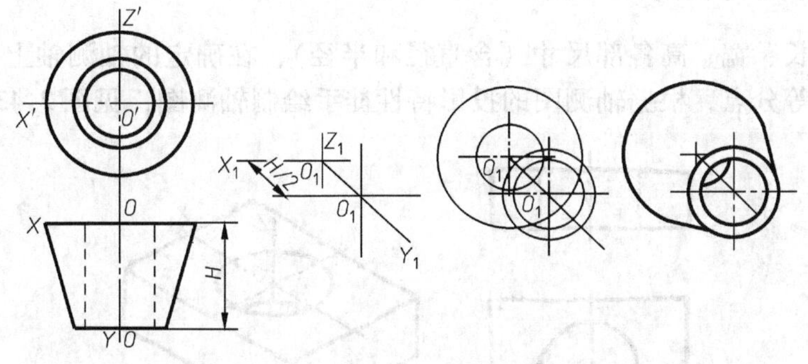

图2-40　空心圆锥台斜二等轴测图

（4）圆盘穿孔　见图2-41。

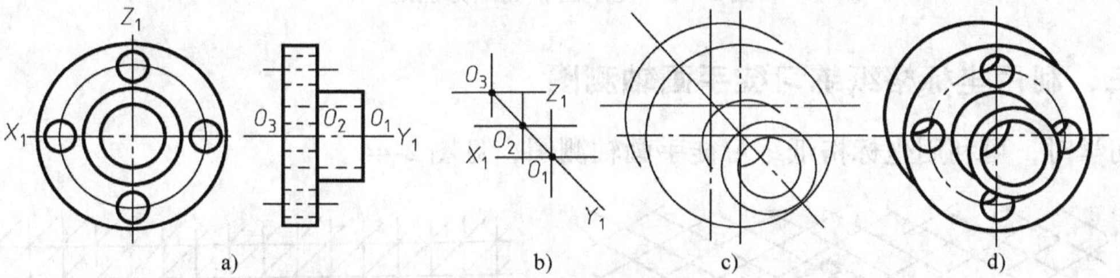

图2-41　圆盘穿孔的斜二等轴测图

a）定出坐标轴　b）过各圆心画出轴测轴　c）由前向后画出各个圆　d）画小圆孔，描深全图

第八节　徒手画几何体的轴测图

用目测图形大小、徒手绘制的轴测图称为轴测草图。轴测草图是产品设计、现场测绘和技术交流的重要手段。所以，绘制轴测草图也是工程技术人员应具备的基本功。画轴测草图，除了遵循前面所述的画法之外，还可应用以下方法。

一、选择合理的轴测轴方向

画图前，先画出轴测轴，轴测轴的位置（即 O_1 点的位置）很关键，O_1 点应选择在几何体上的最有利画轴测图的位置，见图2-42。

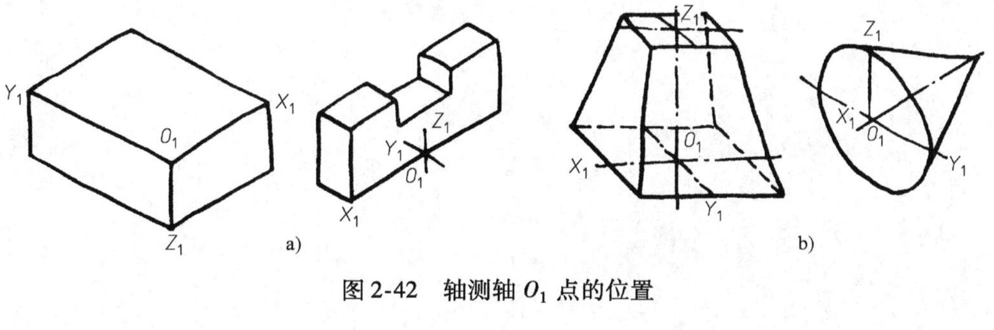

图2-42　轴测轴 O_1 点的位置

二、控制好图与物的尺寸比例

目测图形的长、宽、高各部尺寸（含直径和半径），在确定的轴测轴上按其各方向的相对尺寸比例定出等分点，根据轴测图的投影特性徒手绘制轴测图，见图 2-43。

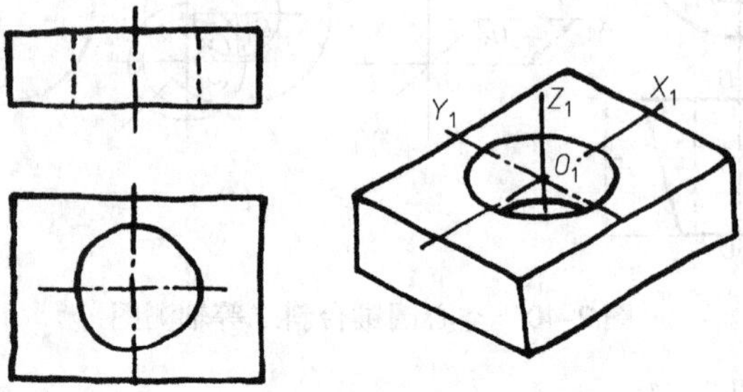

图 2-43　徒手画轴测图方法之一

三、利用坐标格纸练习徒手画轴测图

初学时，可利用坐标格纸练习徒手画轴测图，见图 2-44。

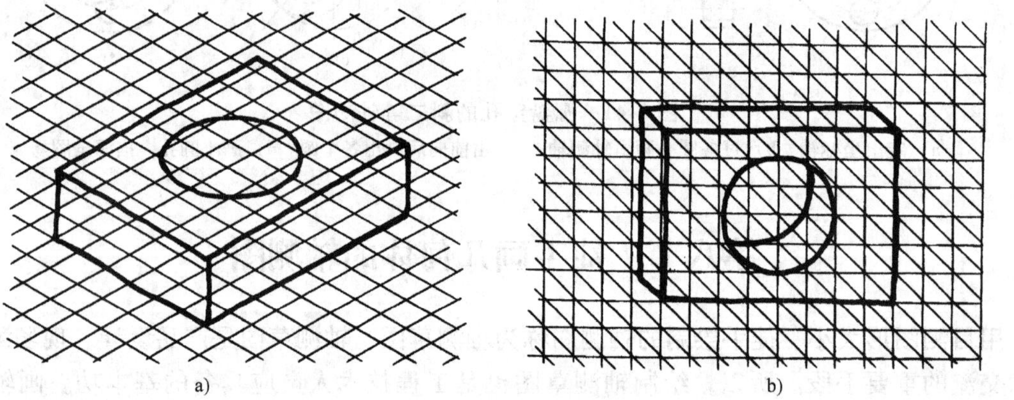

a)　　b)

图 2-44　徒手画轴测图方法之二

a）正等轴测图　b）斜二等轴测图

第三章　几何体表面的交线

第一节　概　　述

用截切面去截切几何体产生的截交线，以及两几何体表面相交的相贯线统称为几何体表面的交线，见图3-1。

截交线（图3-1a、b）的形状很多，但所有截交线都应具有下列性质：

1）为截切面与几何体表面的共有线。

2）截交线围成的截断面是封闭图形。

相贯线（图3-1c、d）的形状也很多，但所有相贯线都应具有下列性质：

1）为两相交几何体的表面共有线。

2）当两相交立体为曲面体时，相贯线的形状一般为空间曲线，见图3-1d，但因几何体的类别及相交的方式不同，相贯线的形状可能为直线或圆曲线。

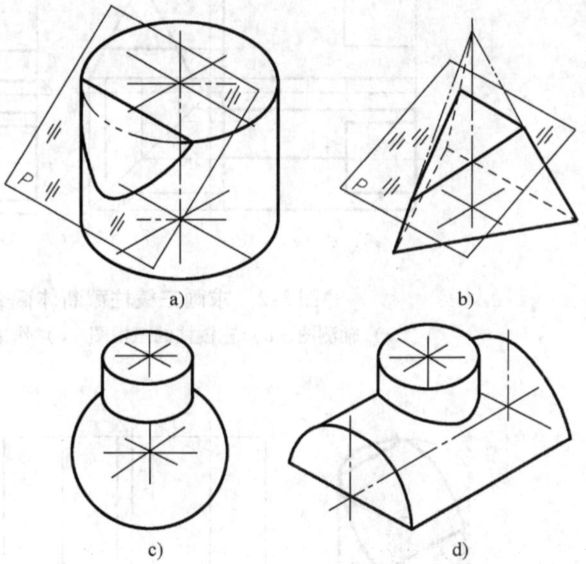

图3-1　几何体表面的交线

a)、b) 截交线　c)、d) 相贯线

所以，画截交线、相贯线的投影时，首先应根据其性质和形状求得共有线上一定数量的共有点的同名投影，并判定其可见性，再用曲线板光滑连接各点即可。

第二节　截　交　线

本节介绍平面截切柱体、锥体、球体的截交线投影求画方法和作图步骤。

图3-2所示为求画三棱柱截断体截交线为投影的作图步骤。图3-3所示为求画圆柱截断体的截交线的投影的作图步骤。

由以上两例可见，凡是采用平面截切面截断棱柱时，截交线的形状均为直线，截断面的形状为多边形。截断圆柱（含圆筒）时，截交线的形状有：

1）倾斜于轴线截切时，截交线为椭圆曲线，截断面为椭圆面或部分椭圆面。

2）垂直于轴线截切时，截交线为圆曲线，截断面为圆平面或部分圆平面。

3）平行于轴线截切时，截交线为四条直线，截断面为矩形平面。

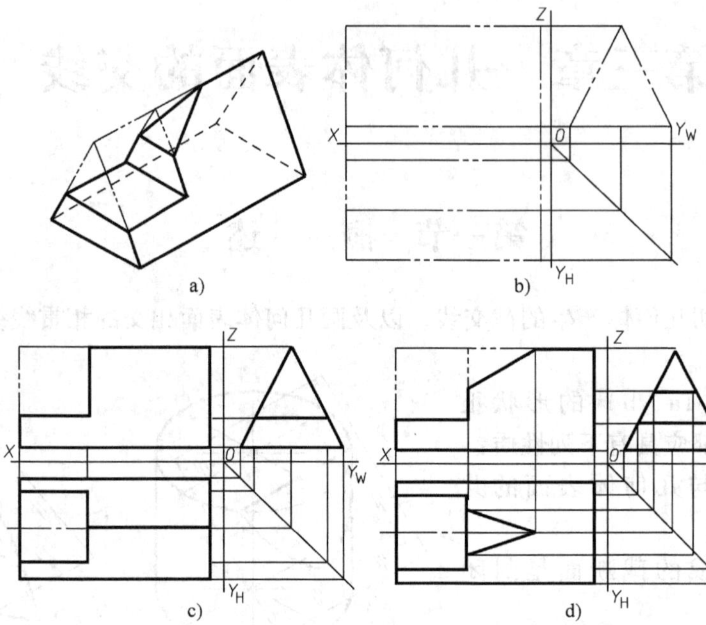

图 3-2　求画三棱柱截断体截交线投影的作图步骤

a）轴测图　b）三棱柱的三视图　c）作平行面截切　d）作垂直面截切

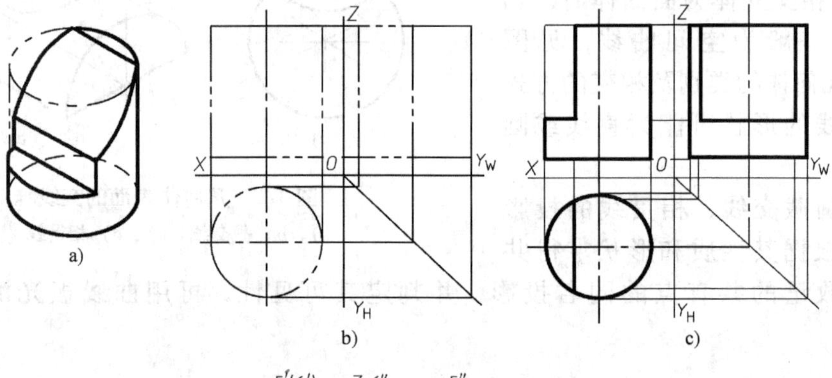

图 3-3　求画圆柱截断体截交线投影的作图步骤

a）轴测图　b）圆柱的三视图　c）作平行面截切　d）作垂直面截切

图 3-4 所示为求画圆锥截断体截交线的作图步骤。

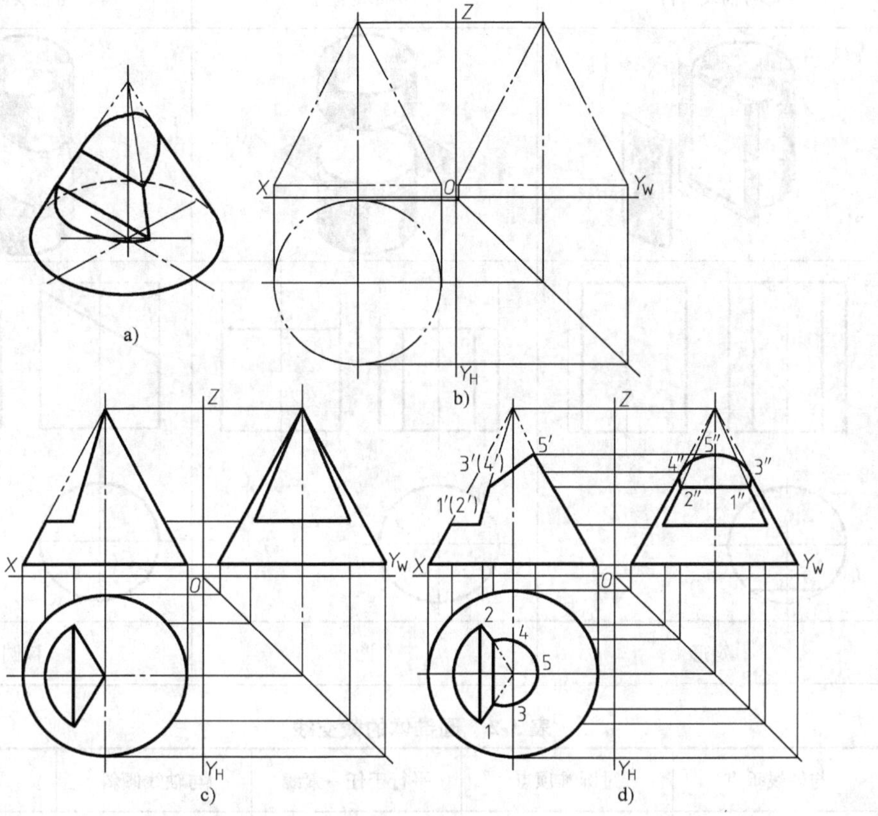

图 3-4　求画圆锥截断体截交线投影的作图步骤

a）轴测图　b）圆锥的三视图　c）作垂直轴线的面、过锥顶的面截切　d）作倾斜轴线的面截切

平面截切面截切圆锥（含圆锥台）时，若截切面垂直于圆锥的轴线，截交线为圆曲线或部分圆曲线，截断面为圆平面或部分圆平面；若截切面过锥顶，截交线为直线，截断面为三角形平面；若截切面倾斜于圆锥轴线（不过锥顶、不与圆锥任一素线平行）截交线为椭圆曲线或部分椭圆曲线，截断面为椭圆面或部分椭圆面。

这里，省略介绍截交线为双曲线和抛物线两种情况，但仍可参照椭圆截交线的求投影方法求解。

从上述各例，求画截交线投影的过程，可以得到截交线画法的一般规律：

虽然几何体的形状不同，截切面的位置不同，所得的截交线的形状也不同，但求画截交线的投影方法却有共同点。利用前面所学体表面点的投影知识求截交线的各面投影，只需找到共有线上特殊点和一定数量的一般点的投影，并判定可见性，将其同名投影点光滑连接即成。通常情况下，截交线在三投影面中最少也有一个投影具有积聚性，这样，在有积聚性的截交线上就可找到三个以上的特殊点，见图 3-3d、图 3-4d。下面以圆柱体与圆锥体为例，介绍常见截交线的形式。

截平面与圆柱体轴线的相对位置不同时，其截交线有三种不同的形状，见表 3-1。

平面与圆锥体的截交线有五种情况，见表 3-2。

表 3-1　圆柱体的截交线

截平面的位置	与轴线平行	与轴线垂直	与轴线倾斜
轴测图	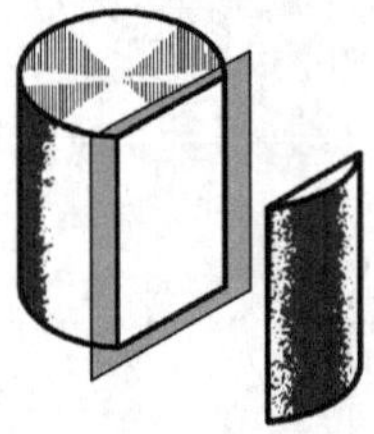	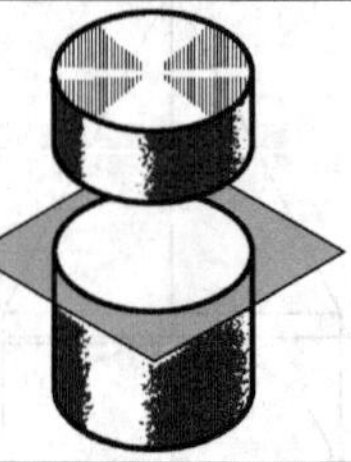	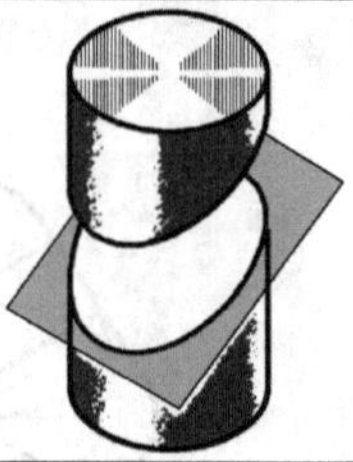
投影图	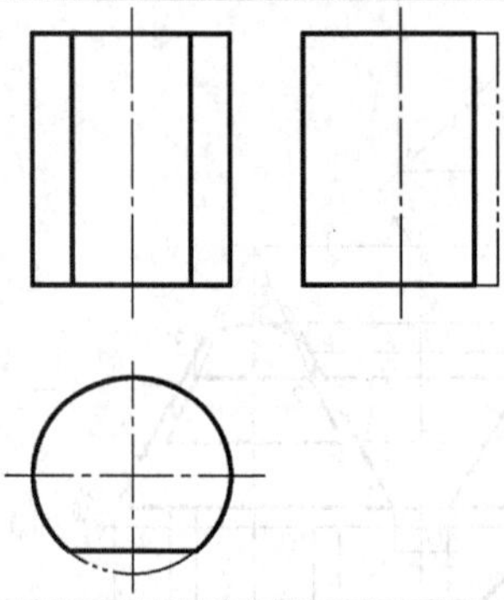	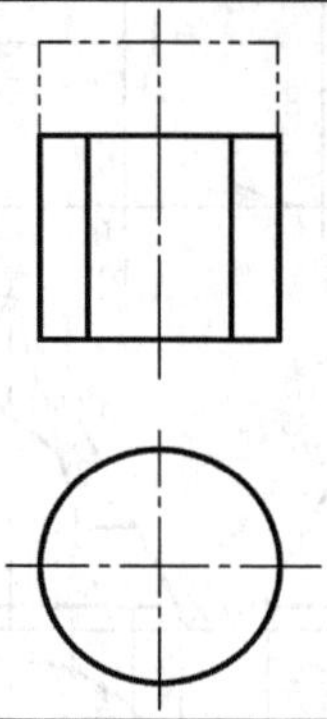	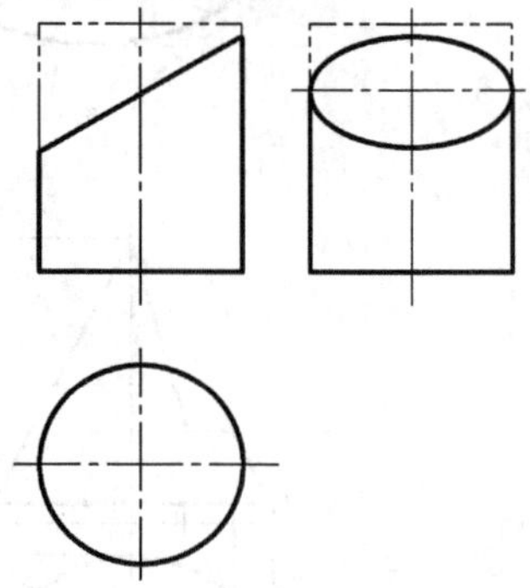
截交线的形状	矩形	圆	椭圆

表 3-2　圆锥体的截交线

截平面的位置	与轴线垂直	过圆锥顶点	平行于任一素线	与轴线倾斜	与轴线平行
轴测图	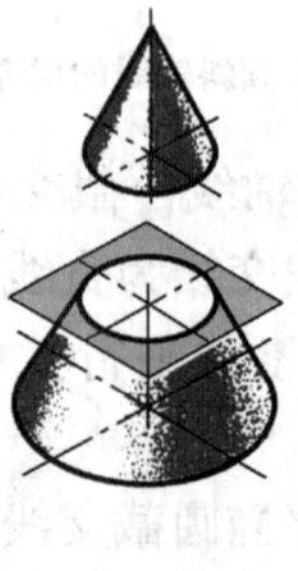	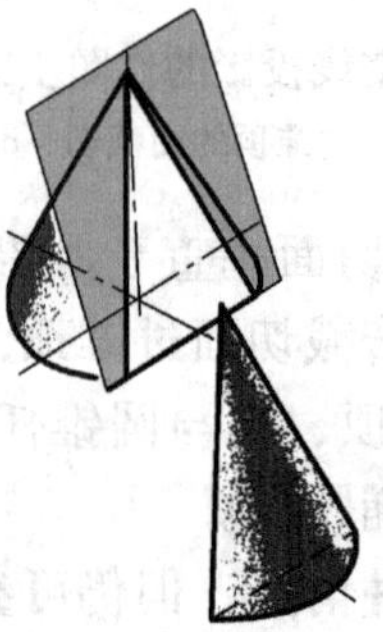	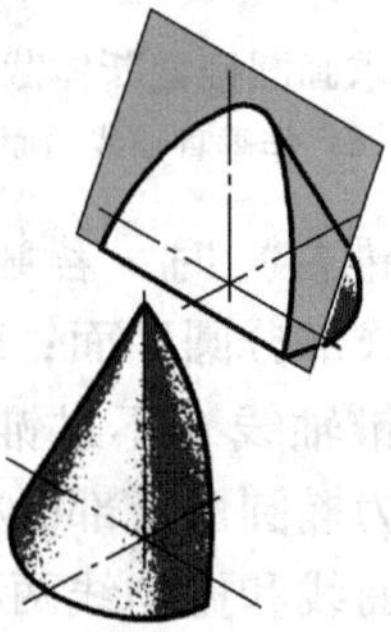	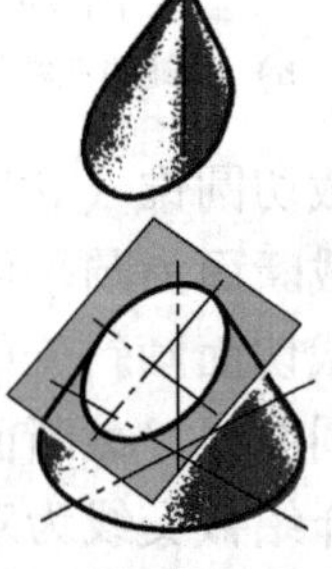	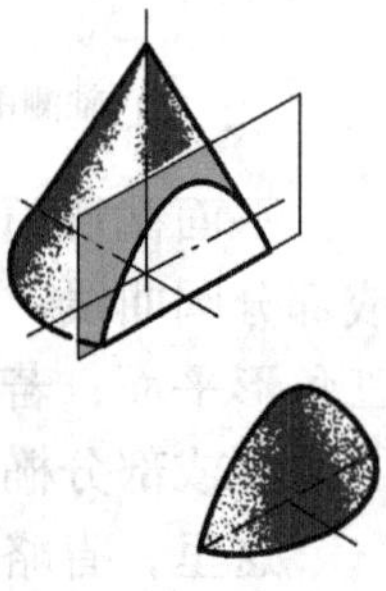
投影图	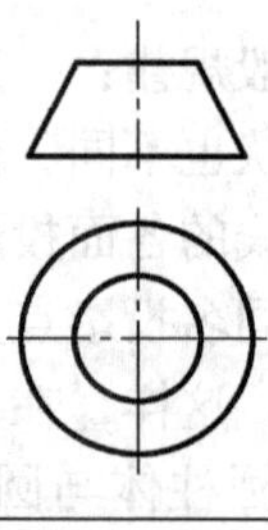	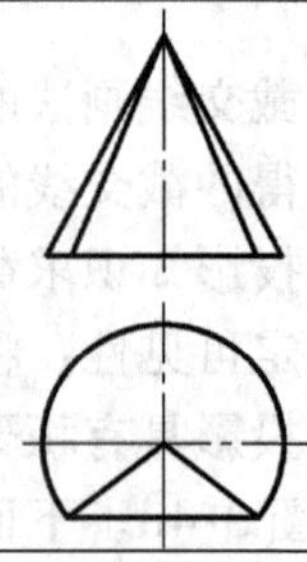	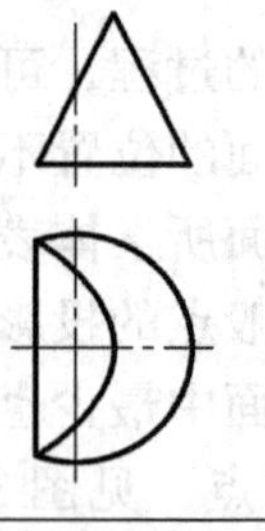	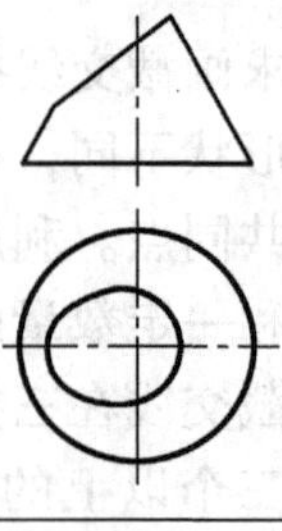	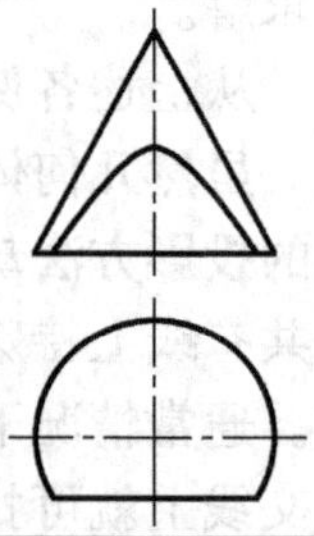
截交线的形状	圆	等腰三角形	封闭的抛物线①	椭圆	封闭的双曲线①

①“封闭”指以直线（截平面与圆锥底面的交线）将在圆锥面上形成的抛物线、双曲线加以封闭，以构成一个平面图形。当截交线为椭圆弧时，也将出现相同的情况。

第三节　相　贯　线

由于相贯线为两相交几何体的表面所共有，因此相贯线上的所有点均为两相贯几何体表面的共有点。根据这一性质，按照求画体表面点的投影方法即可求得相贯线的投影。

图 3-5 所示为求圆柱与半圆柱正交相贯线投影的作图步骤。

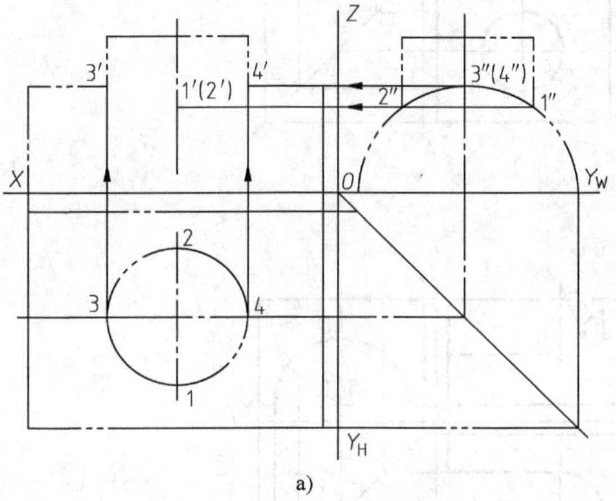

图 3-5　圆柱与半圆柱正交

a）求特殊点　b）求一般点，光滑连接各点即成

图 3-6 所示为求半圆筒与四棱柱（带圆孔）正交内、外相贯线投影的作图步骤。

事实上，各种机械产品中零件上的截交线、相贯线一般都无必要准确求画。作图时，只要找到特殊点后，根据自己所掌握的体表面交线形状特征，即可近似画出。相贯线投影的近似画法见图 3-7。

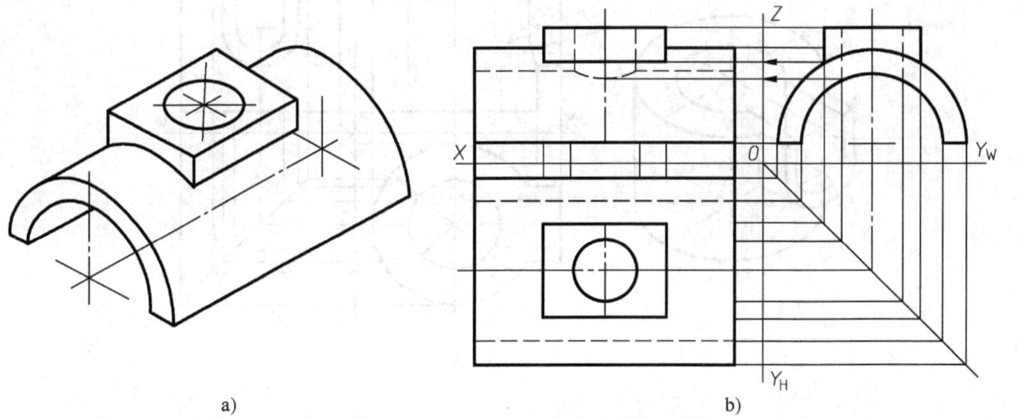

图 3-6　半圆筒与带圆孔的四棱柱正交

a）轴测图　b）分别求得内、外相贯线上特殊点并判定可见性连线即成

下列情况为相贯线的几个特例：

1）图 3-1c 所示为圆柱的轴线通过球体的球心，相贯线为圆曲线。

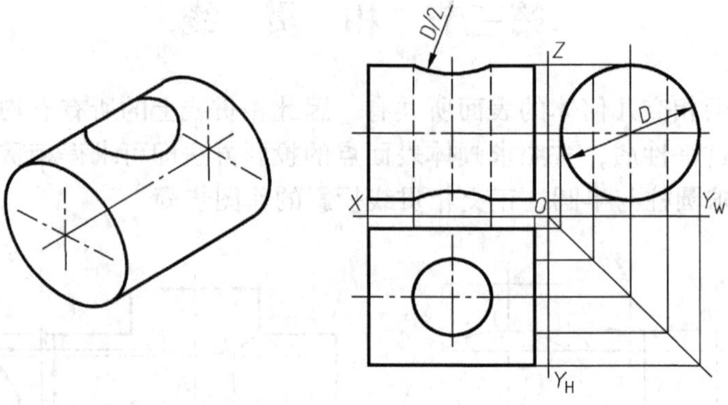

a)

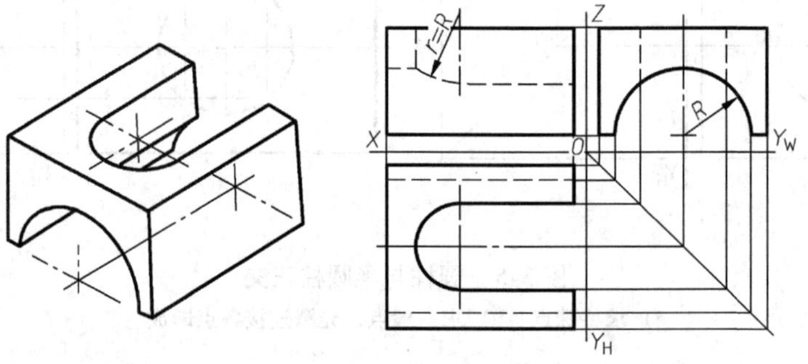

b)

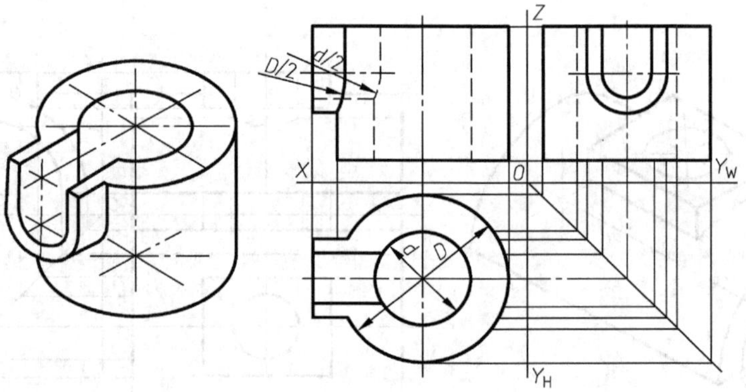

c)

图 3-7　相贯线投影的近似画法

a）圆柱与圆孔正交　b）半圆孔与拱形槽正交　c）拱形凸台与圆筒正交

2）两等直径圆柱或两等直径的圆孔正交时相贯线为两平面椭圆曲线，见图 3-8。

3）两圆柱轴线平行相贯时相贯线为直线，见图 3-9。

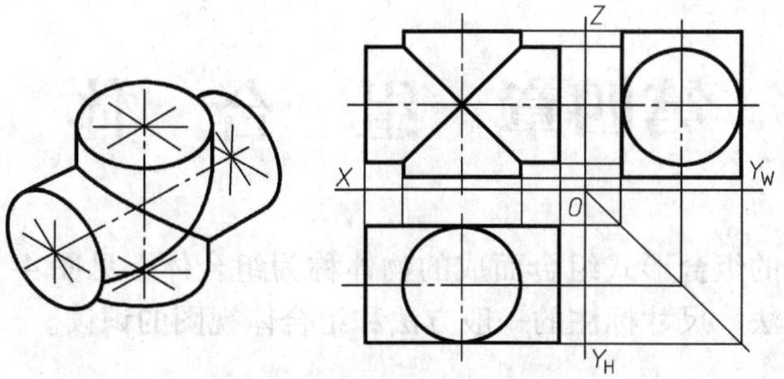

a)

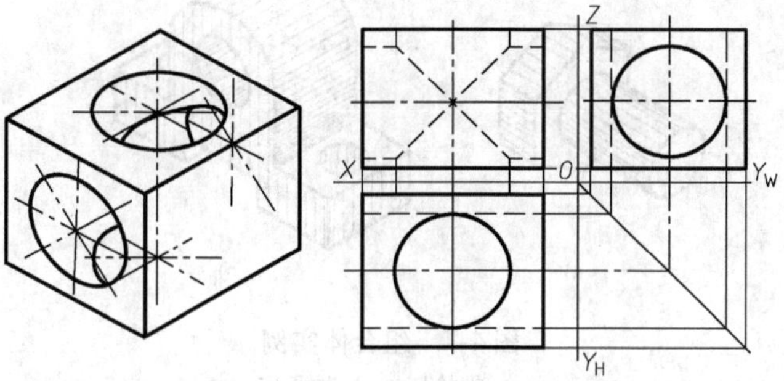

b)

图 3-8　等直径圆柱（含孔）正交

a）两等直径圆柱正交　b）两等直径圆孔正交

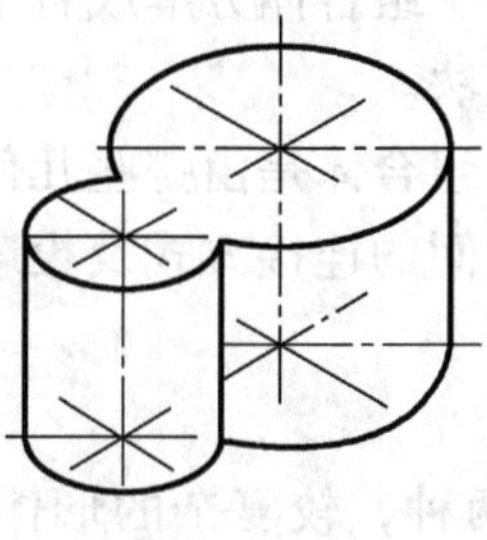

a)

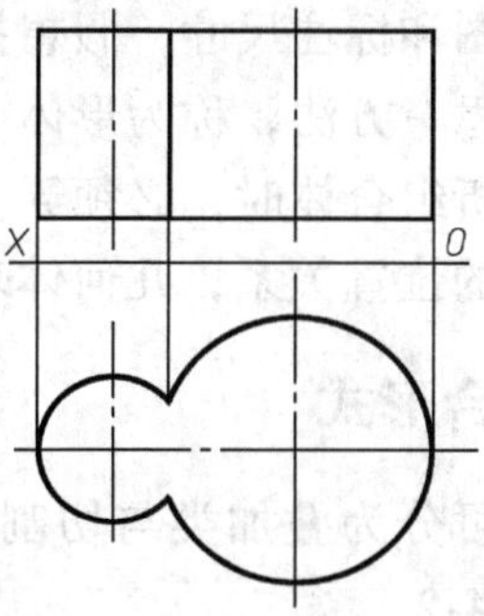

b)

图 3-9　两圆柱轴线平行相贯

a）轴测图　b）两视图

第四章　组　合　体

由基本体按一定的组合形式组合而成的物体称为组合体，见图 4-1、图 4-2。本章重点讨论组合体视图的画法、尺寸标注的一般方法和组合体视图的识读。

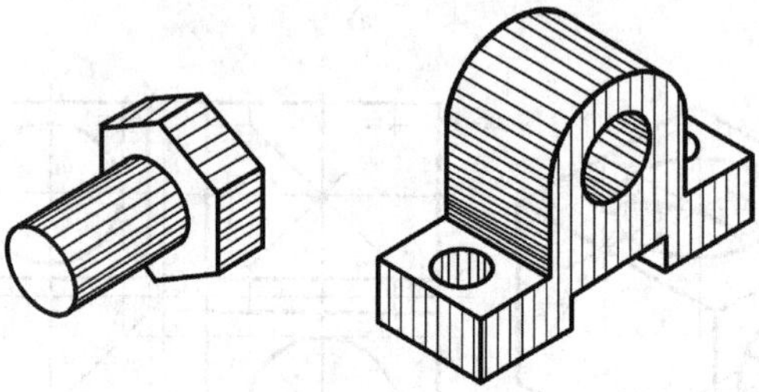

a)　　b)

图 4-1　组合体实例

a）螺栓坯　b）轴承座

第一节　形体分析法

为了便于画图、看图和标注尺寸，假想把一个组合体分解成若干个几何体来处理，这种由繁到简、化难为易的思考方法，称为形体分析法。

利用形体分析法分析组合体时，必须弄清：组合体是由哪些几何体组成，体的组合方式如何，各几何体相互间的位置关系，几何体表面间的连接方式及投影特性等问题。

一、组合体的组合形式

组合体的组合形式可分为叠加类与切割类两种，较复杂的形体则往往是两种形式的综合。三种组合形式见图 4-2。

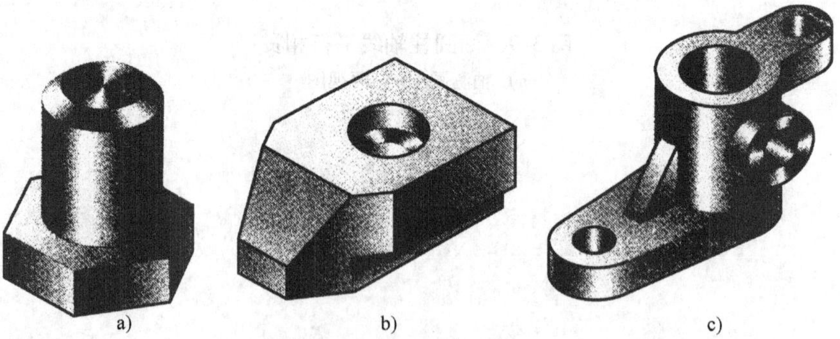

a)　　b)　　c)

图 4-2　组合体的组合形式

a）叠加类　b）切割类　c）综合类

图 4-2a 所示为叠加类（圆台、圆柱与正六棱柱叠加而成），图 4-2b 所示为切割类（长方体经各种位置的挖切而形成），图 4-2c 所示为综合类，底板、圆筒、耳板与三棱柱叠加并挖切而形成的。

二、表面连接方式

组合体内各几何体间的表面连接方式有：不共面相接、共面相接、相切和相交四种。

1）两几何体表面不共面相接时，中间必定有线，见图 4-3。

2）两几何体表面共面相接时，中间没有线，见图 4-4。

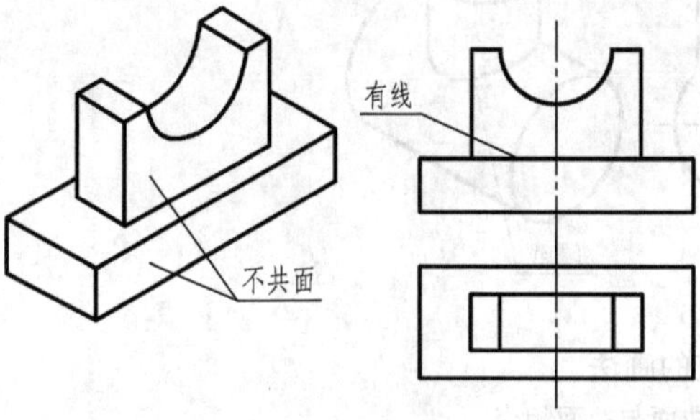

图 4-3 不共面相接的画法

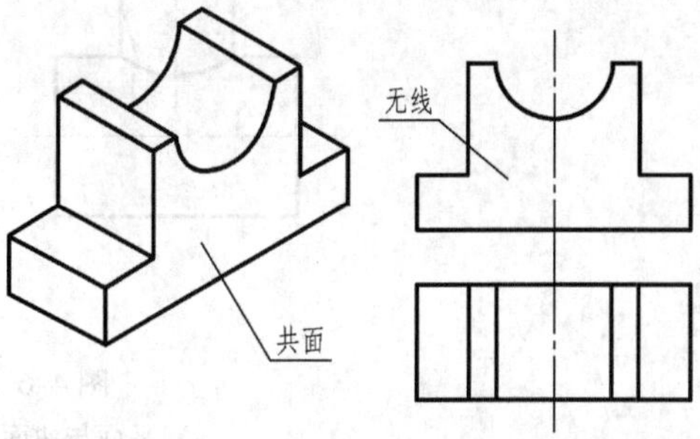

图 4-4 共面相接的画法

3）两几何体表面相切，因为在相切处两表面是光滑过渡的，所以相切处不应该画线，见图 4-5。

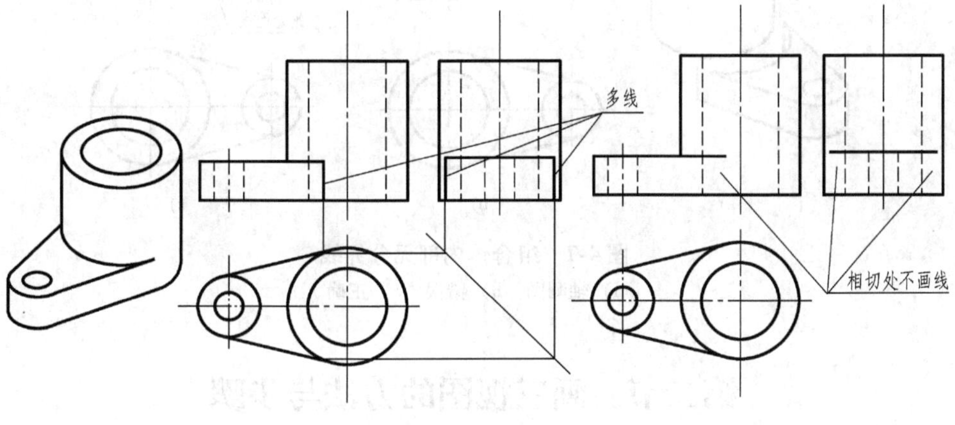

图 4-5 相切的画法

a）轴测图 b）错误 c）正确

4）两几何体表面相交，应画出交线的投影，见图 4-6。

应注意的是，两几何体无论以何种方式连接，其内部分界线均不画出，见图 4-7。

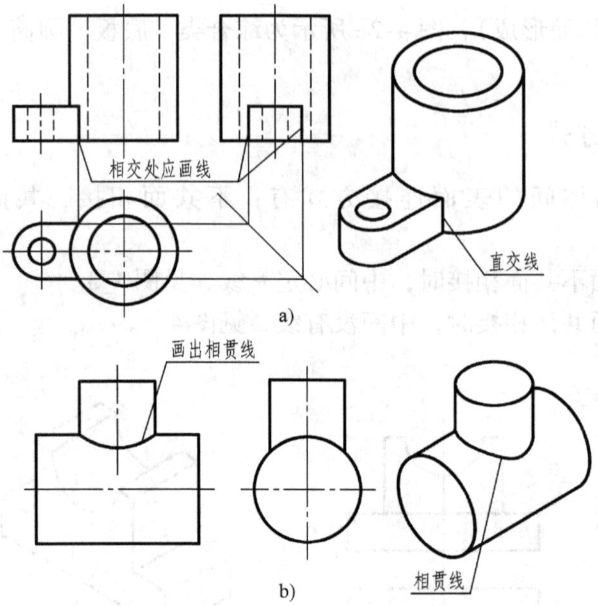

图 4-6　表面相交的画法

a）平面与曲面相交　b）曲面与曲面相交

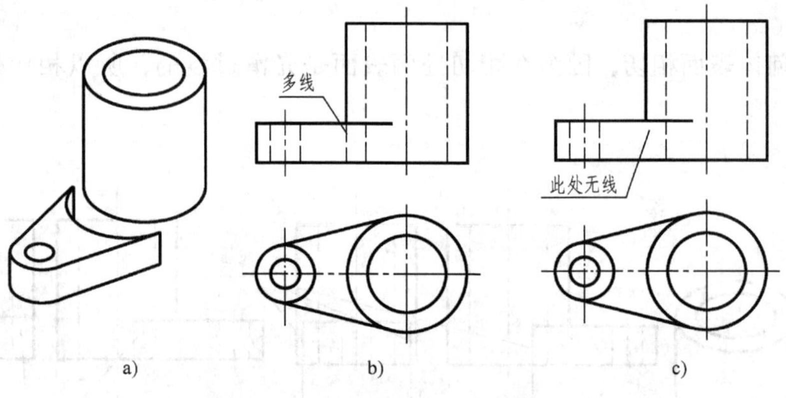

图 4-7　组合体内部无分界线

a）轴测图　b）错误　c）正确

第二节　画三视图的方法与步骤

一、形体分析

画三视图之前，先作形体分析，把组合体分解成几部分，弄清各部分的形状、相对位置、体的组成及表面连接方式，然后再逐个进行形体绘制。

图 4-8 所示的支架，可假想分解为底板、凸台、支承板、圆筒四部分。支架前后对称，

基本上属于叠加型组合体。各形体结合处表面连接情况为：支承板与底板前、后、右三个方向表面平齐；支承板左面与底板顶面垂直相交；支承板与圆筒左端面平齐；支承板前后两面与圆柱面相切；支承板的右面与圆柱面相交，交线为圆弧；凸台与底板及支承板表面均垂直相交。

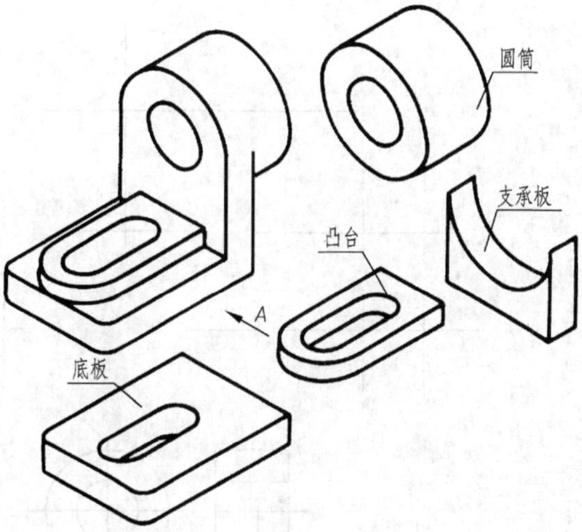

图 4-8　支架形体分析

二、选择主视图

主视图是组合体最主要的视图，一般在组合体自然放置状态下，使它的对称面、主要平面、主要轴线与投影面垂直或平行，通常选择最能反映组合体整体形状特征及各部分相对位置的方向，作为主视图的投射方向。图 4-8 所示的支架在自然放置状态下，以箭头 A 所示方向作为主视图投射方向为最佳。

三、定比例选图幅

根据组合体的大小、选定符合国家标准规定的作图比例和图纸幅面。图幅大小应根据视图范围、尺寸标注、视图间空隙和标题栏等所需的面积而定。

四、视图布置

每个视图画出两条作图基准线，用以确定视图在图纸上的位置，要使得视图间及周围空档适当、布置均匀。一般选择对称中心线、轴线、底平面及端面的积聚线作为基准线。

五、画底稿图

按组合体各部分逐个画出三视图。通常是先画主要形体，后画次要形体；先画大形体，后画小形体；先画特征视图，再画其他视图；先画积聚性投影或反映实形的投影，再画另外投影；先画形体轮廓，再画形体细节；先画可见部分，再画不可见部分。画底稿图图线时各种图线均用很细、很轻的线条绘制，便于图线的修改。

六、检查全图

完成底稿图后，应仔细检查全图，改正错画的图线，补齐漏画图线，擦去多余的图线。

七、描深

按先描圆和圆弧、后描直线的顺序，根据国标规定的各种图线宽度，自上而下、从左到右加深图线，并注意同类线型应保持粗细、浓淡一致。

支架的画图步骤见图 4-9。

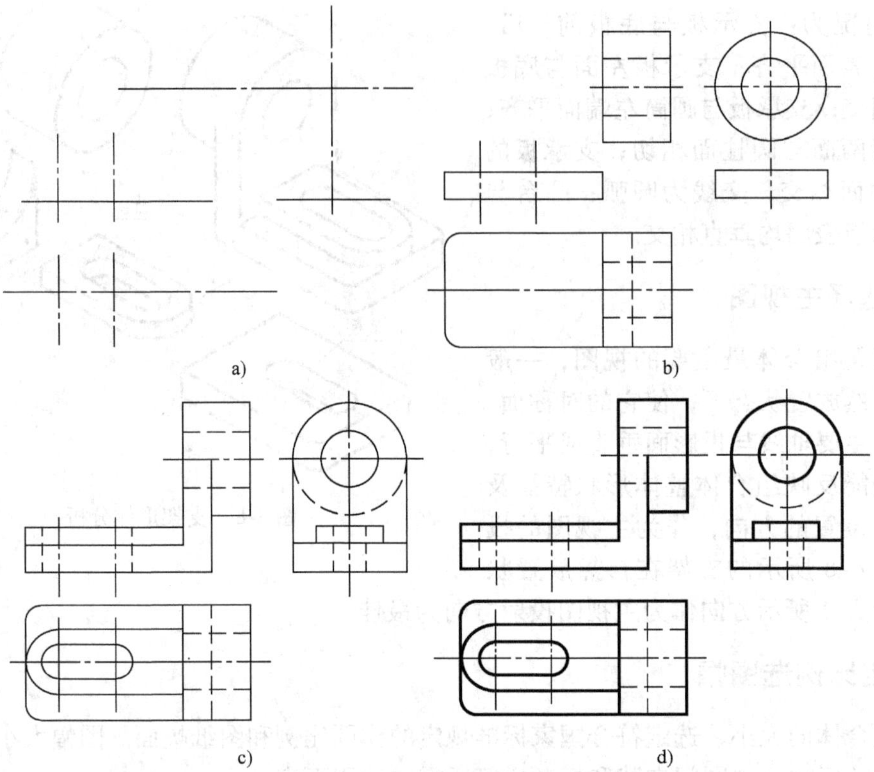

图 4-9　支架画图步骤

a）画基准线　b）画主要形体　c）画其他部分　d）描深图线

第三节　尺寸标注

一、给组合体标注尺寸的要求

视图只能表达物体的形状，而物体各部分的大小及相对位置则要通过尺寸来确定。标注组合体尺寸的要求是：

1）齐全。不遗漏、不重复。

2）正确。尺寸注法符合国家标准规定。

3）清晰。尺寸排列、布置整齐，方便读图。

二、尺寸种类

为了做到尺寸标注齐全，组合体需标注三种尺寸：

（1）定形尺寸　确定组合体各组成部分形状、大小的尺寸。

图 4-10a 所示的轴承座分为底板、立板及肋板三个部分。底板的长、宽、高、圆角，以及板上四个圆孔直径，立板的长、宽、高及板上圆孔直径，肋板的长、宽、高尺寸都属于定形尺寸，见图 4-10b。

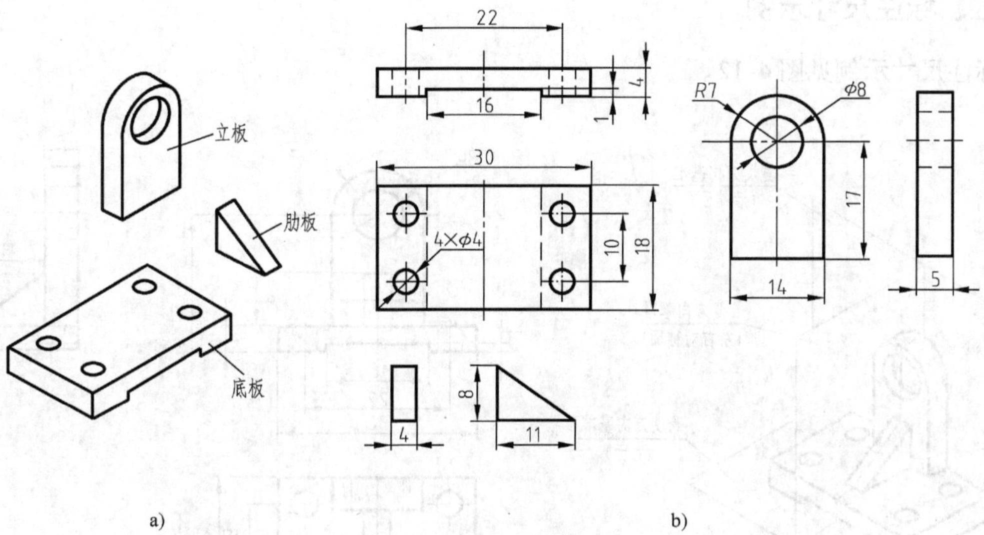

图 4-10 组合体的尺寸标注
a）形体分析 b）各形体尺寸标注

（2）定位尺寸 定位尺寸是指确定组合体各组成部分之间相对位置的尺寸。

图 4-10b 所示底板主视图中的尺寸“22”，以及俯视图中的尺寸“10”。立板主视图中的尺寸都是确定各基本形体间相互位置的定位尺寸。

（3）总体尺寸 总体尺寸是指决定组合体总长、总宽、总高的尺寸。

总体尺寸不一定都要直接注出。图 4-12 所示的支架的总高可由“17”和“*R*7”确定；长方形底板的长度“30”和宽度“18”为支架的总长和总宽。

三、尺寸基准的选择

标注和度量尺寸的起点称为尺寸基准。确定组合体各组成部分相对位置的定位尺寸，就是指被定位要素到基准的尺寸。标注尺寸时，在物体长、宽、高的每个方向上至少要选定一个基准，一般选组合体的对称平面、底面、端面、回转体轴线等作为尺寸基准。见图 4-11，长、宽、高各方向的尺寸基准分别是左右对称面、后端面和底面。基准选定后，各方向的主要尺寸就应从相应的基准进行标注。

须注意的是：以对称基准标注对称尺寸时，应标注对称总尺寸。例如，图 4-10 中的宽度尺寸“18”和“10”，不可从宽度基准出发分别标注“9”和“5”。

四、尺寸注法与步骤

1）形体分析。

2）选尺寸基准。

3）逐个注出各部分的定形尺寸和定位尺寸。

4）标注总体尺寸。

5）综合调整，检查尺寸有无多余或遗漏，完成标注。

五、标注尺寸示例

标注尺寸示例见图 4-12。

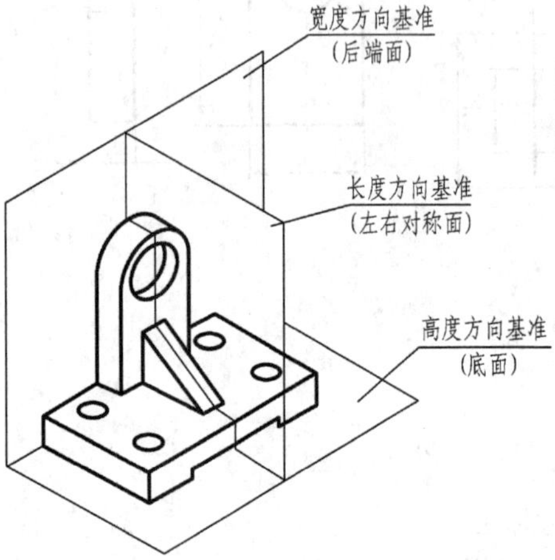

图 4-11　尺寸基准

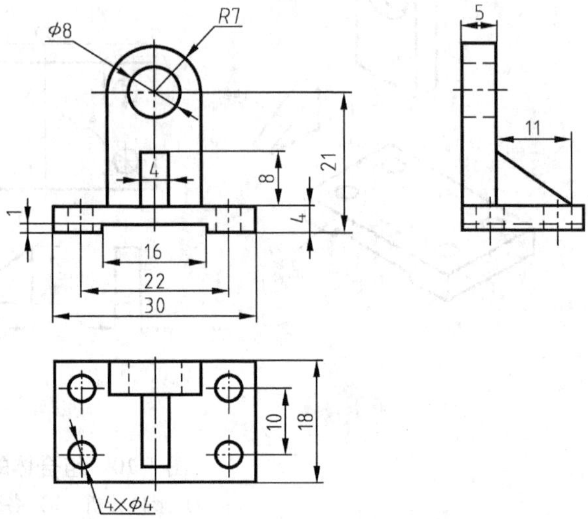

图 4-12　组合体尺寸标注

第四节　读图方法与步骤

读图是画图的逆过程，是根据物体的视图去想象物体的空间形状。读图与画图相辅相成，不能分割。

一、读图方法

读图的基本方法仍然是形体分析法，但是对于视图上一些局部比较复杂的投影，尤其是切割型组合体的视图，常需结合线面分析法进行读图。以形体分析法为主，线面分析法为辅，是有效的读图方法。

1. 用形体分析法读图

用形体分析法读图，就是从最能反映形体特征的一面视图入手，按线框将组合体划分成几个部分，每个部分一般是简单形体。按投影关系，联系其他视图，想象出各部分的形状，并确定相互位置。最后综合起来想象出整体形状。

2. 用线面分析法读图

用线面分析法读图，就是通过识别形体几何要素的空间位置、形状，进而想象出物体的形状。

3. 视图中线和线框的含义

（1）视图中的一条线（图 4-13）　①表示形体上面与面交线的投影，交线可以是直线或曲线。②表示曲面体上轮廓素线的投影。③表示具有积聚性面的投影。

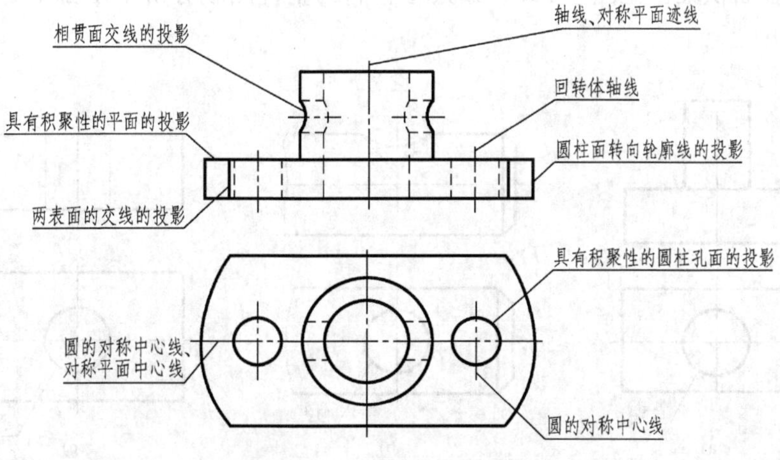

图4-13　线和线框的含义

（2）视图中的细点画线（图4-13）　①对称平面积聚的投影；②回转体轴线的投影；③圆的对称中心线（确定圆心的位置）。

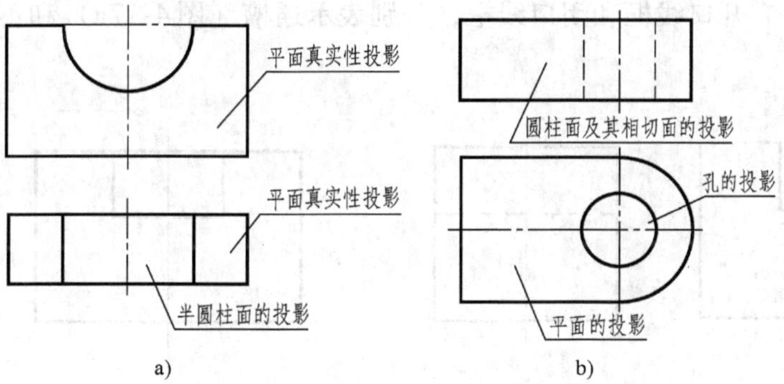

图4-14　视图中线框的含义

（3）视图中的封闭线框（图4-14）　①一个面（平面或曲面）的投影；②曲面及其相切面（平面或曲面）的投影；③凹坑、或圆柱通孔积聚的投影。

4. 分析、认清表面间的相对位置

1）当相连两线框表示不共面、不相切的两不同位置表面时，其两线框的分界线可以表示具有积聚性的第三表面积聚成的线（直、曲）、或两表面（平平、曲曲、平曲）的交线，见图4-15。

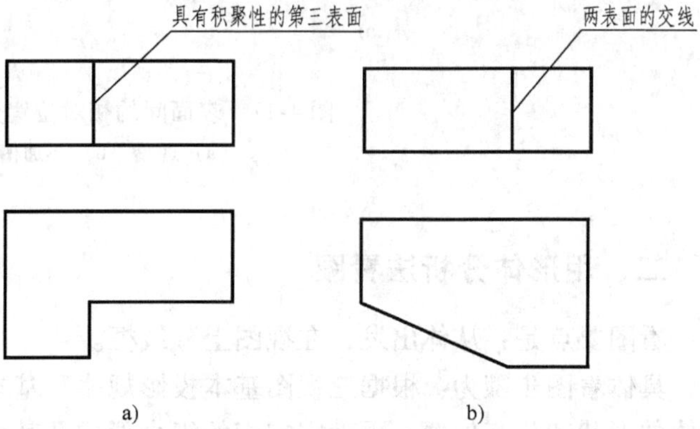

图4-15　表面间的相对位置分析（一）

2）线框里有另一线框，可以表示凸起或凹进的表面，见图4-16a、b，也可表示具有积聚性的圆柱通孔的内表面积聚，见图 4-16c。如只看它们的俯视图就分辨不出哪个是凸起、凹进或通孔。

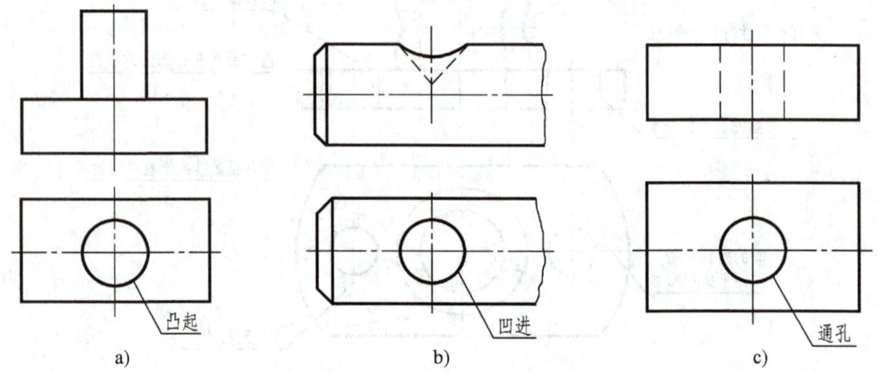

图 4-16　表面间的相对位置分析（二）
a）凸起　b）凹进　c）通孔

3）线框边上有开口线框和闭口线框，分别表示通槽（图 4-17a）和不通槽（图4-17b）。

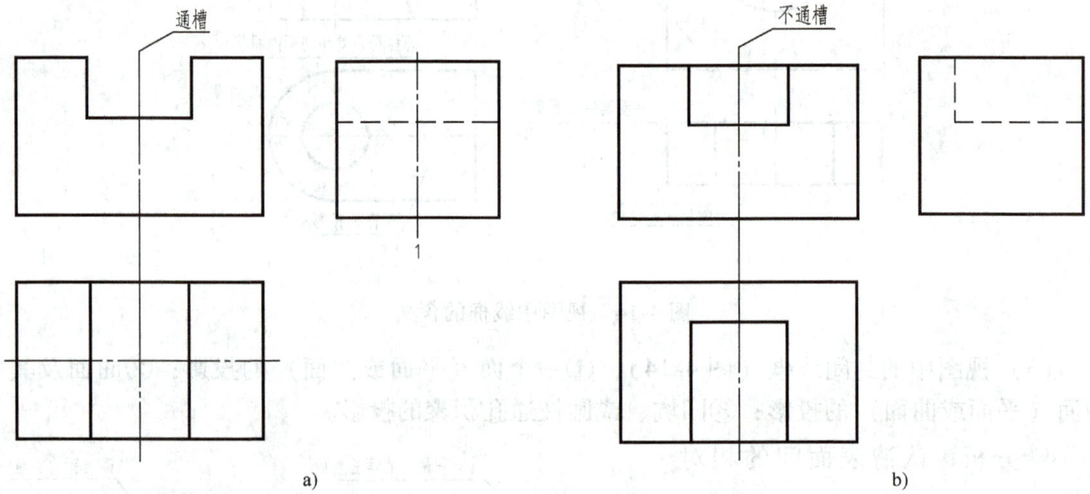

图 4-17　表面间的相对位置分析（三）
a）通槽　b）不通槽

二、用形体分析法看图

看图要点是：从体出发，在视图上分线框。

具体看图步骤为：根据三视图基本投影规律和基本形体三视图，从图上逐个识别出基本形体的形状和相互位置，再确定它们的组合形式及其表面的相对位置，综合想象出组合体的形状。

下面以图 4-18 所示的支承架为例，说明用形体分析法看图的具体步骤：

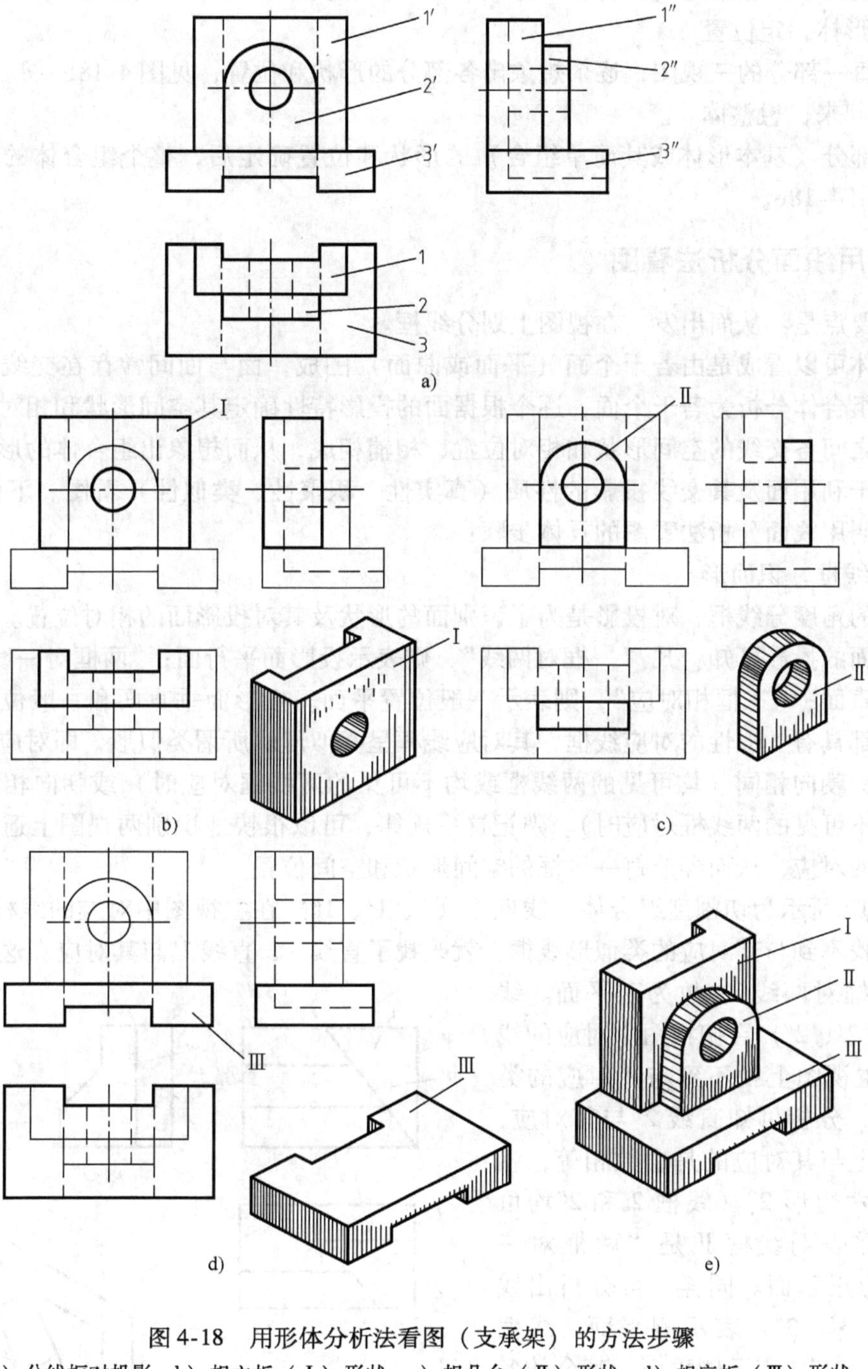

图 4-18　用形体分析法看图（支承架）的方法步骤
a）分线框对投影　b）想立板（Ⅰ）形状　c）想凸台（Ⅱ）形状　d）想底板（Ⅲ）形状
e）结合想象支承架整体形状

1. 分线框，对投影

先看主视图，并将主视图划分成三个线框 1′、2′、3′，联系其他两视图，并在俯视图上找出其对应线框 1、2、3，左视图上找出其对应线框 1″、2″、3″。按投影规律找出基本形体投影的对应关系，想象出该组合体可分成三部分，立板Ⅰ、凸台Ⅱ、底板Ⅲ，见图 4-18a。

2. 识形体，定位置

根据每一部分的三视图，逐个想象出各部分的形状和位置，见图 4-18b ~ d。

3. 合起来，想整体

每个部分（基本形体或其简单组合）的形状和位置确定后，整个组合体的形状也就确定了，见图 4-18e。

三、用线面分析法看图

看图要点是：从面出发，在视图上划分线框。

组合体可以看成是由若干个面（平面或曲面）围成，面与面间常存在交线，线面分析法就是把组合体分析为若干个面，逐个根据面的投影特性确定其空间形状和相对位置，并判别其相互之间各交线的空间形状和相对位置，相辅相成，从而想象出组合体的形状。

要善于利用面及其交线投影的性质（真实性、积聚性、类似性）看图。下面以图 4-19 为例，说明用线面分析法看图的具体步骤：

1. 分线框，识面形

从面的角度分线框，对投影是为了识别面的形状及其对投影面的相对位置。据第二章中直线、平面的投影可知：凡“一框对两线”，则表示投影面平行面；“两框对一线”，则表示投影面垂直面；“三框相对应”，则表示一般位置平面。投影面垂直面和一般位置平面的三个投影中都具有类似性的对应线框，其对应线框呈类似形。所谓类似形，即对应的两线框的边数相等，朝向相同（均可见的两线框或均不可见的两线框对应时）或朝向相反（一为可见，一为不可见的两线框对应时）。熟记这一规律，可以很快地识别两视图上遥遥相对的线框是否真的对应，从而弄清每一线框的空间形状和空间位置。

图 4-19 所示为切割型组合体，线框Ⅰ（1、1′、1″）在主视图中对应的线框 1′，在俯、左视图上找不到与其对应的类似形线框，就改找了直线 1、直线 1″与其对应，这样表明线框Ⅰ是“一框对两线”，故为正平面。线框Ⅱ（2、2′、2″）在俯视图中对应的线框 2，在主视图上找不到与其对应的类似形线框，分析可知直线 2′与其对应，在左视图上与其对应的是边数相等，朝向相同的六边形 2″（线框 2 和 2″均可见），这样表明线框Ⅱ是“两框对一线”，故为正垂面。同样，可分析出线框Ⅲ（3、3′、3″）表示侧平面，线框Ⅳ（4、4′、4″）表示侧垂面。其余的各面请读者自行分析。

2. 识交线，想形位

再从分析面与面相交的交线入手，也有助于识别各个面的空间形状和空间

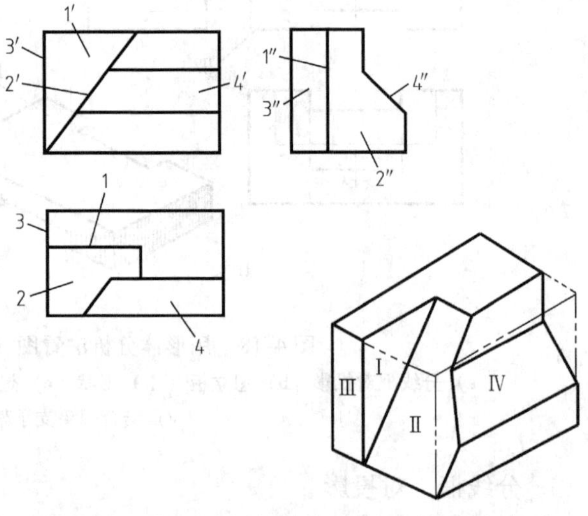

图 4-19　用线面分析法看图举例（切割体）

位置，相辅相成，读者可自行分析。

3. 形位明，想整体

将以上对各个面及其交线的空间形状和空间位置分析的结果综合起来，便可以想象出切割型的组合体的整体形状，见图 4-19。

第五节　徒手画组合体的轴测剖视图

为了在轴测图上表示组合体的内部形状，可采用画轴测剖视图的方法来表达。通常用两个剖切平面切去组合体的 1/4 表示。物体被剖切平面切到的实体处需画出剖面线，轴测剖视图的剖面线画法，见图 4-20。

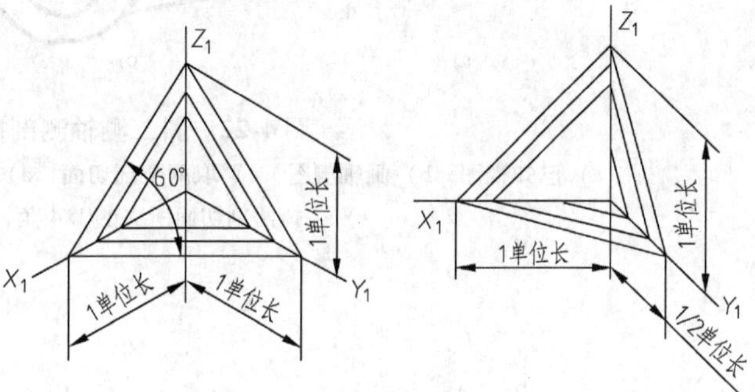

a)　b)

图 4-20　轴测图剖面线的画法

a）正等测　b）斜二测

一、正等测轴测剖视图画法举例

正等测轴测剖视图的画法见图 4-21。

二、斜二测轴测剖视图画法举例

斜二测轴测剖视图的画法见图 4-22。

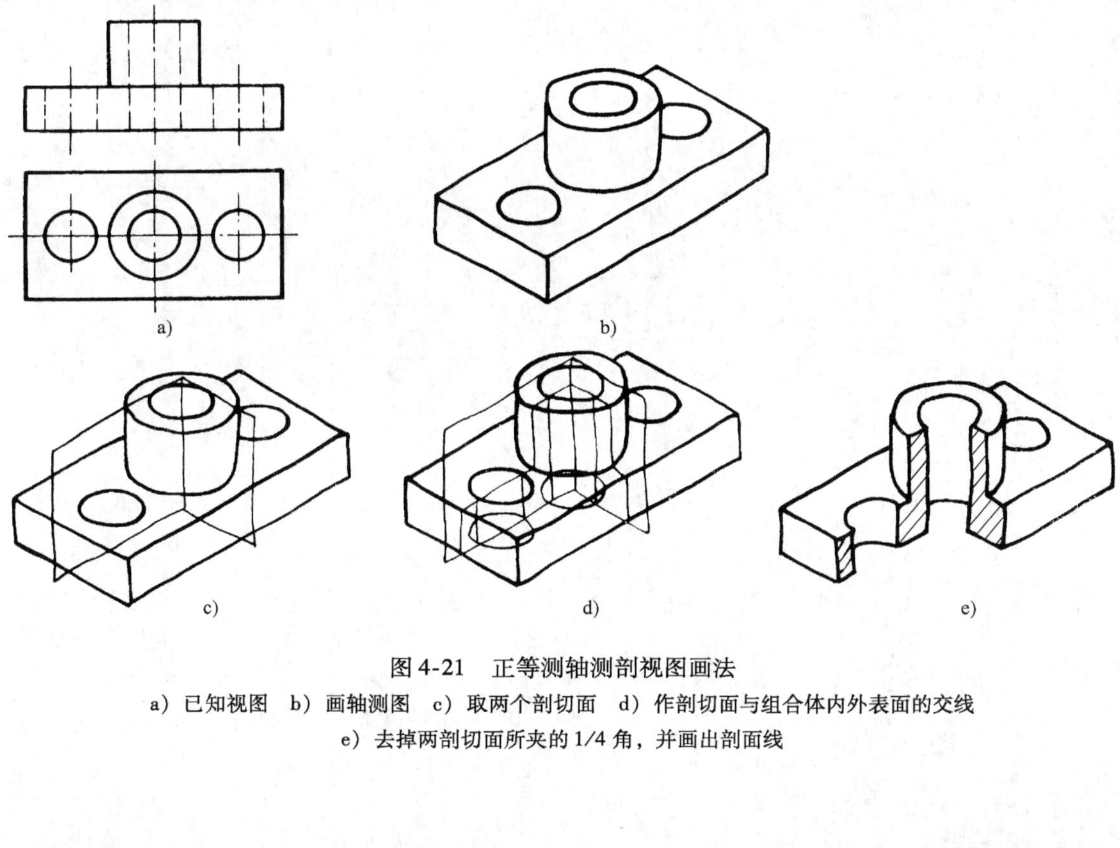

a)　b)　c)　d)　e)

图 4-21　正等测轴测剖视图画法

a）已知视图　b）画轴测图　c）取两个剖切面　d）作剖切面与组合体内外表面的交线

e）去掉两剖切面所夹的 1/4 角，并画出剖面线

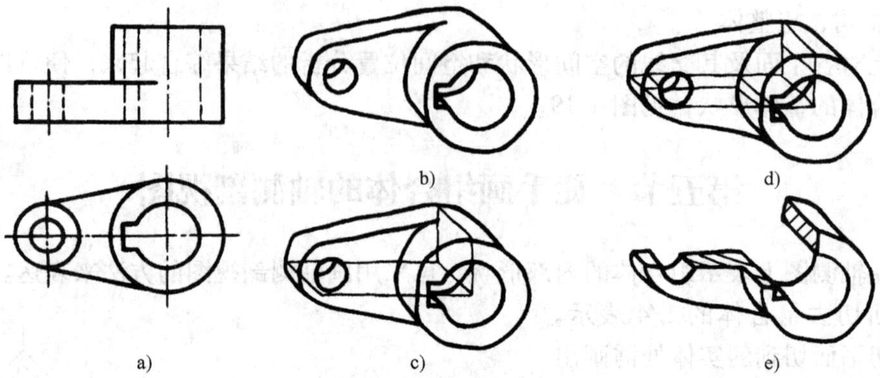

图 4-22　斜二测轴测剖视图画法

a）已知视图　b）画轴测图　c）取两个剖切面　d）作剖切面与组合体内外表面的交线

e）去掉两剖切面所夹的 1/4 角，并画出剖面线

第五章　图样表达方式

在生产实际中，机件的结构形状是多种多样的，仅用三个视图已不能将机件的内外形状表达清楚。为此，国家标准《机械制图　图样画法　视图》（GB/T 4458.1—2002）和《机械制图　图样画法　剖视图和断面图》（GB/T 4458.6—2002）等都规定了视图、剖视图、断面图和其他表达方法的画法，供绘图时选用。

第一节　视　　图

一、基本视图的画法与标注

在前面学过的三个投影面的对面再增设三个相互垂直的投影面，从而构成一个正六面体，正六面体的六个面称为基本投影面，见图 5-1a。将机件放在正六面体内，分别向各基本投影面投射，得到的六个视图称为基本视图。除了已介绍过的主、俯、左视图外，还有：

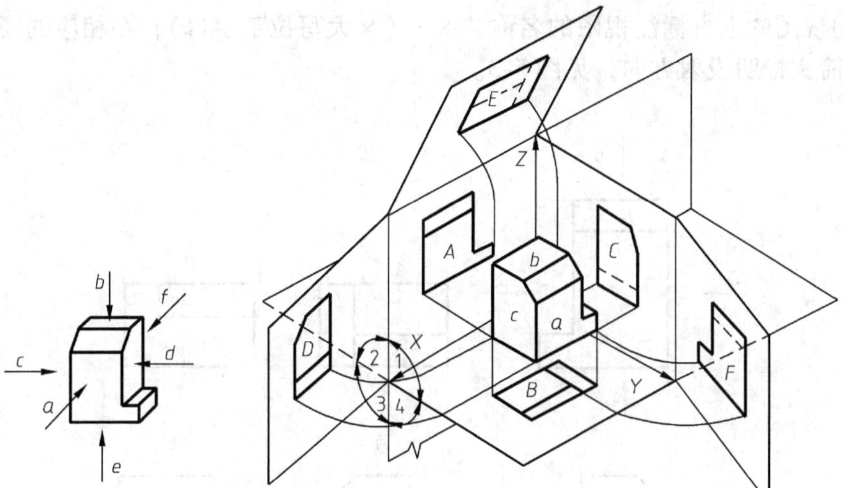

a)　　　　b)

图 5-1　六个基本视图的形成及展开

a）六个基本投影方向　b）六个基本投影面的展开

右视图——从右向左投影所得的视图。

仰视图——从下向上投影所得的视图。

后视图——从后向前投射所得的视图。

各投影面的展开方法见图 5-1b，展开后六个视图的位置及其投影规律见图 5-2。

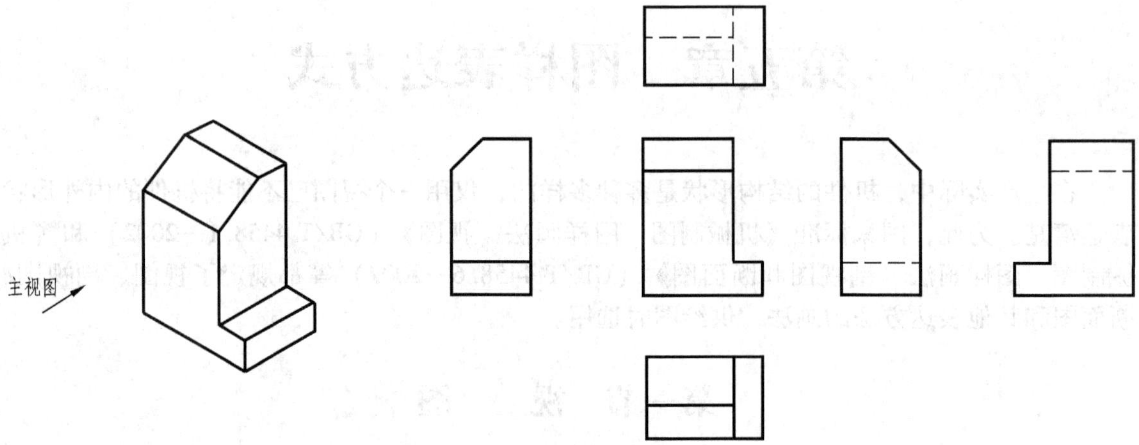

图 5-2　六个基本视图及其投影规律

二、向视图的画法与标注

在设计绘图时，有时难以按图 5-2 所示的形式配置基本视图，为此国家标准规定了一种可以自由配置的视图，称为向视图。

向视图的画法与标注规定如下：

1）在向视图的上方标注视图的名称“×”（×大写拉丁字母），在相应的视图附近用带相同字母的箭头指明投射方向，见图 5-3。

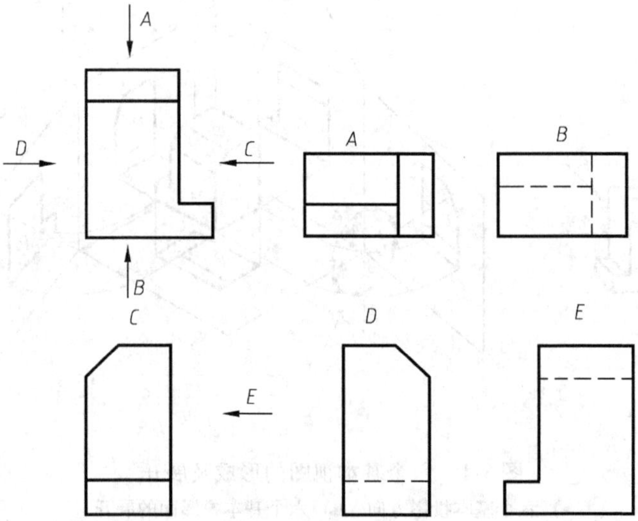

图 5-3　向视图的标注

2）表示投射方向的箭头应尽可能配置在主视图上，表示后视图的向视图，投射方向箭头最好标注在左视图或右视图上。

三、局部视图的画法与标注

将机件的某一部分向基本投影面投射所得的视图称为局部视图。

局部视图常用于表达机件上局部结构的外形。图 5-4 所示凸台的端面形状，在主、俯视图中无法表达清楚，又没有必要画出完整的左视图，这时可用局部视图 *A* 表示，见图 5-4b。

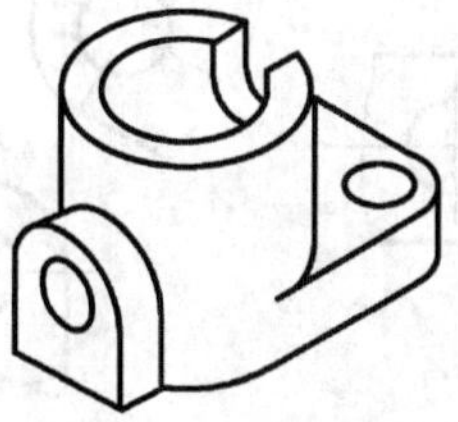

a)

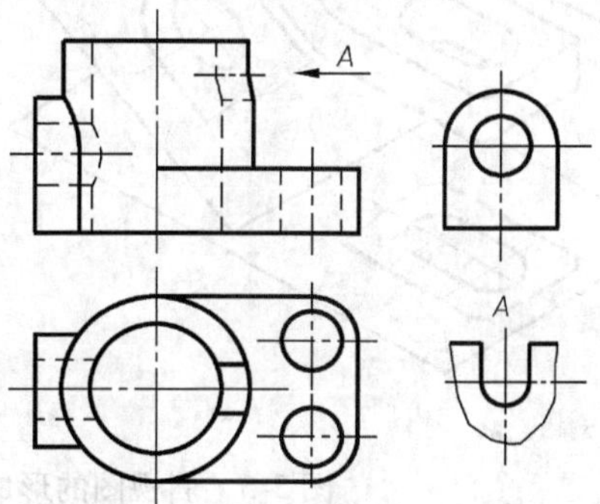

b)

图 5-4 局部视图的画法与标注

局部视图的画法与标注规定如下：

1）在局部视图上方标出视图名称“×”（×为大写拉丁字母），在相应的视图附近用带相同字母的箭头指明投射方向，见图 5-4b 中的局部视图“*A*”。当局部视图按投影关系配置，中间又没有其他图形隔开时，可省略标注，见图 5-4b 中的局部左视图。

2）通常局部视图配置在箭头所指的方向或基本视图的位置，必要时也允许配置在其他位置。

3）局部视图的断裂边界线通常以波浪线表示，见图 5-4b 中的局部视图“*A*”。但当所表示的结构是完整的，且外轮廓线封闭时，波浪线可省略不画，见图 5-4b 中的局部左视图。

四、斜视图的画法与标注

斜视图是物体向不平行于基本投影面的平面投射所得的视图。

当机件上有与基本投影面倾斜的结构时，若用基本视图表示，视图不反映实形。若增设一个与机件倾斜部分平行，且垂直一个基本投影面的辅助投影面（见图 5-5 中平面 *P*），将机件的倾斜结构向辅助投影面投射，投射方向垂直辅助投影面，然后将辅助投影面按箭头所指方向旋转到与其垂直的基本投影面上，便可得到反映机件倾斜部分实际形状的图形，见图 5-5。

斜视图的画法与标注规定如下：

1）必须在斜视图上方标出视图名称“×”（×为大写拉丁字母），在相应的视图附近用带相同字母的箭头指明投射方向，见图 5-5b。

2）斜视图一般按投影关系配置，必要时允许将斜视图旋转，此时表示旋转斜视图名称的大写字母应靠近旋转符号的箭头端，见图 5-5b。

3）斜视图通常画成局部的斜视图，其断裂边界常以波浪线表示。

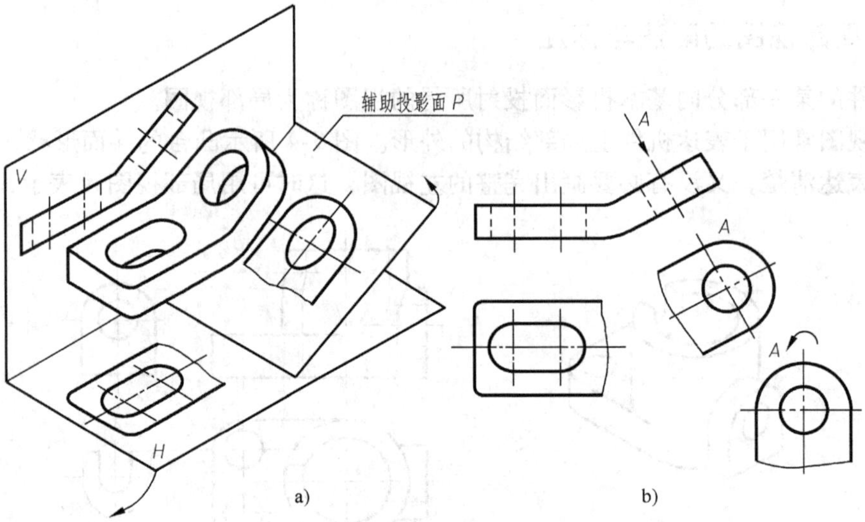

图 5-5　斜视图的形成、画法与标注

第二节　剖　视　图

一、剖视概念

用视图表达机件内部结构时，图中会出现许多虚线（图 5-6）。由于视图上虚、实线交错重叠，往往影响图形的清晰，不利于看图。图家标准规定用剖视图的方法来解决机件内部结构的表达问题。

剖视是假想用剖切平面剖开机件，将处在观察者和剖切面之间的部分移去，而将其余部分向投影面投影所得的图形称为剖视图，见图 5-7。

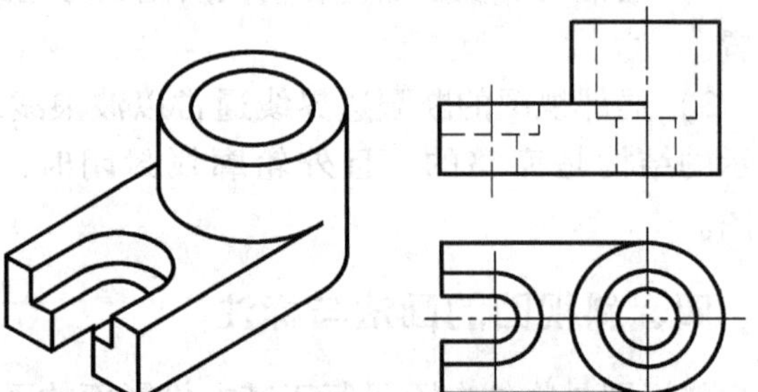

图 5-6　用虚线表示内部结构

1. 剖面符合规定

在剖视图中，被剖切面剖切到部分的断面称为剖面。为了在剖视图上区分剖面，和其他表面，分清机件的实心、空心部分，以及远近层次，剖面上应画出剖面符号。不同材料的剖面符号画法见表 5-1。

金属材料的剖面符号（剖面线），为一组间隔相等、方向相同、一般与水平成 45°的相互平行的细实线，见图 5-7。同一机件的所有剖面图形上，剖面线方向及间隔要一致。如果图形中的主要轮廓线与水平成 45°，应将该图形的剖面线画成与水平成 30°或 60°的平行线，但其倾斜方向仍应与其他图形的剖面线一致，见图 5-8。

2. 剖视图的标注规定

一般应在剖视图上方用字母标注出剖视图名称“×—×”，在相应的视图上用剖切符号表示剖切位置，在剖切符号的两端用箭头表示剖切后的投射方向，并在剖切符号附近注上相同的字母，见图 5-9。

表 5-1　剖面符号（GB 4457.5—1984）

金属材料（已有规定剖面符号者除外）	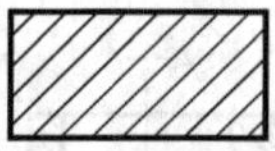	型砂、填砂、粉末冶金、砂轮、陶瓷刀片、硬质合金刀片等	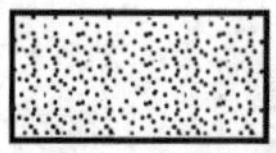	木材纵剖面	
非金属材料（已有规定剖面符号者除外）	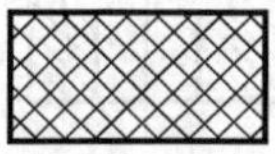	钢筋混凝土		木材横剖面	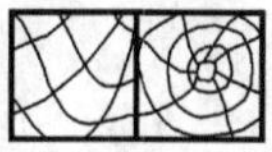
转子电枢变压器和电抗器等的叠钢片	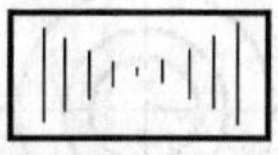	玻璃及供观察用的其他透明材料	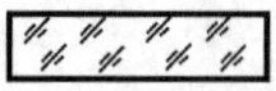	液体	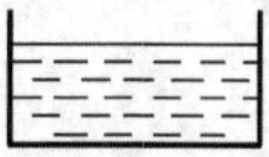
线圈绕组元件	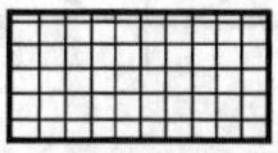	砖	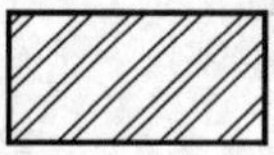	木质胶合板（不分层数）	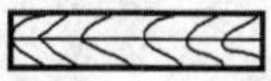
混凝土		基础周围的泥土	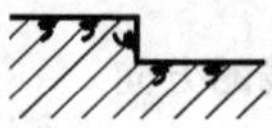	格网（筛网、过滤网）	

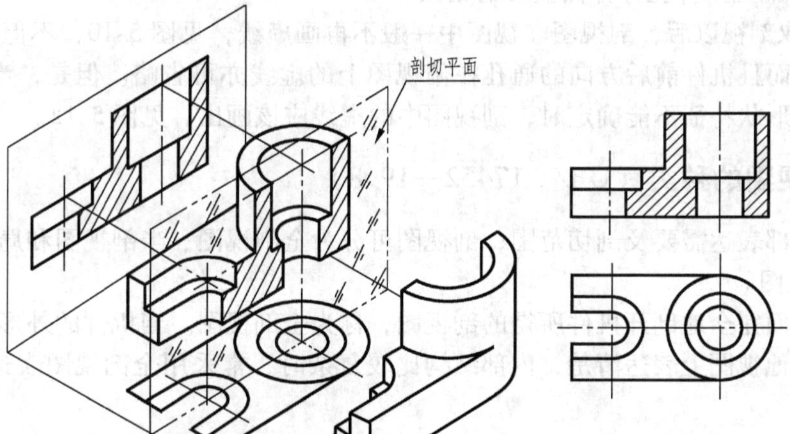

a)　　b)

图 5-7　剖视图的形成及画法

剖切符号的画法是在剖切面投影积聚处两端和转折位置，画两小段不与图形轮廓线相交的粗实线（线长 3～8mm，线宽 1～1.5b），见图 5-9。

当剖视图是按投影关系配置，中间又无其他图形隔开时，可省略箭头，见图 5-10d 中主、左视图的标注方法。当仅用一个剖切平面且通过机件的对称平面剖切时，剖视图按投影关系配置，中间无其他图形隔开，可全部省略标注，见图 5-10d 中的主、俯视图。

3. 画剖视图应注意的问题

1）画剖视图时，剖开机件是假想的，并不是真正把机件切掉一部分。因此，画其他视图时仍应按完整的机件画出，不应出现图 5-11 中俯视图只画一半的错误。

2）剖切平面应通过零件上孔、槽的中心线或内形对称面，并平行于某个基本投影面。

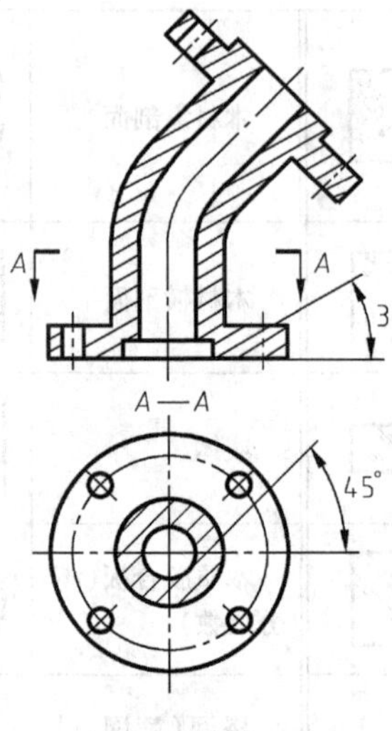

图 5-8　特殊情况时剖面线的方向

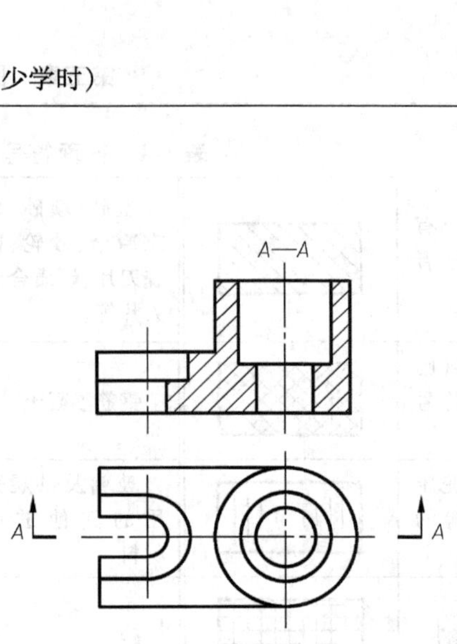

图 5-9　剖视图的标注

3）画剖视图时，留在剖切平面之后的可见轮廓线应用粗实线全部画出，不应出现图 5-11 主视图中漏画阶梯孔分界面投影的错误。

4）机件取剖视以后，剖视图、视图中一般不再画虚线，见图 5-10，不但主、左剖视图上不画虚线，而且机件前后方向的通孔在俯视图上的虚线亦可省略。但是，当省略了虚线，机件的结构、形状特征不能确定时，剖视图中的虚线应该画出，见图 5-12。

二、剖视图的种类（GB/T 17452—1998）

按机件内部表达需要及剖切范围，剖视图可分为全剖视图、半剖视图和局部剖视图。

1. 全剖视图

用剖切平面完全地剖开机件所得的剖视图，称为全剖视图。当机件的外形比较简单或外形结构已在其他视图上表达清楚，内部结构比较复杂时，常采用全剖视图表达其内部结构，见图 5-10c。

当全剖视图的剖切平面通过机件的对称平面且按投影关系配置，中间无其他图形时，可省略标注，见图 5-10c 所示的主视图上的全剖视图。而左视图上的全剖视图剖切平面未通过机件的对称平面，故而不能省略标注。

2. 半剖视图

当机件具有对称平面时，在垂直于对称平面的投影面上投影所得的图形，以对称中心线为界，一半画成剖视，另一半画成视图，这样的组合图形称为半剖视图。半剖视图适用于机件的内外结构需要在同一图上兼顾表达的情况，见图 5-13。

当机件形状接近对称，且不对称部分已另有视图表达清楚时，也可画成半剖视图，见图 5-14。

画半剖视图时应注意：

1）半个视图与半个剖视图的分界线应以作为对称中心线的细点画线为界，不能画成其他图线，更不能理解为机件被两个相互垂直的剖切面共同剖切将其改画为粗实线。半剖视图常见的错误画法见图 5-15。

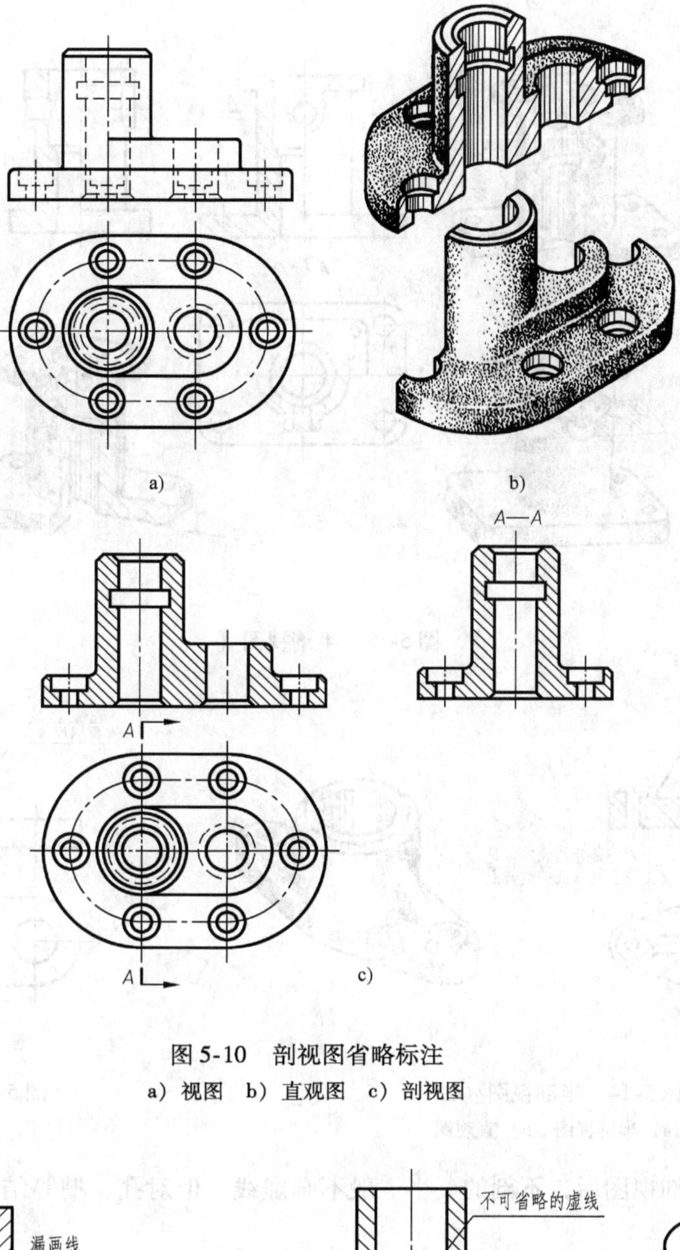

图 5-10　剖视图省略标注

a）视图　b）直观图　c）剖视图

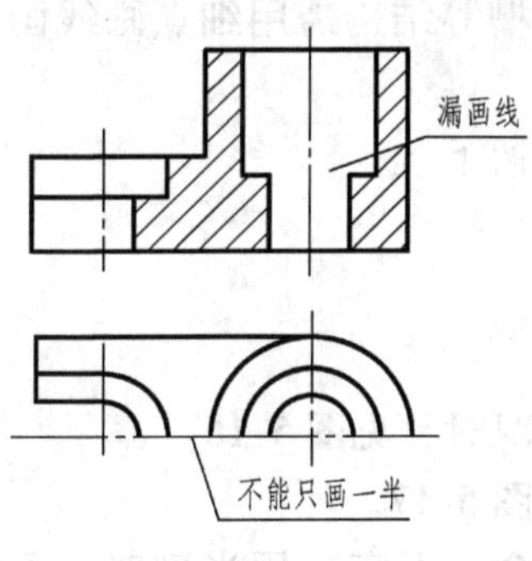

图 5-11　剖视图画法的错误

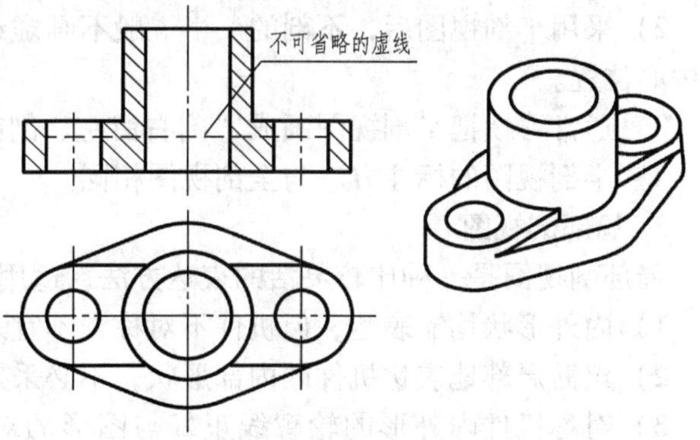

图 5-12　剖视图中虚线的处理

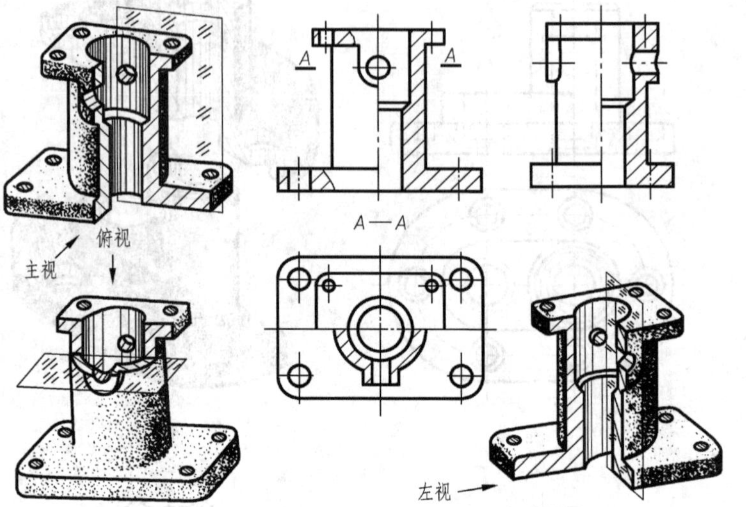

图 5-13　半剖视图（一）

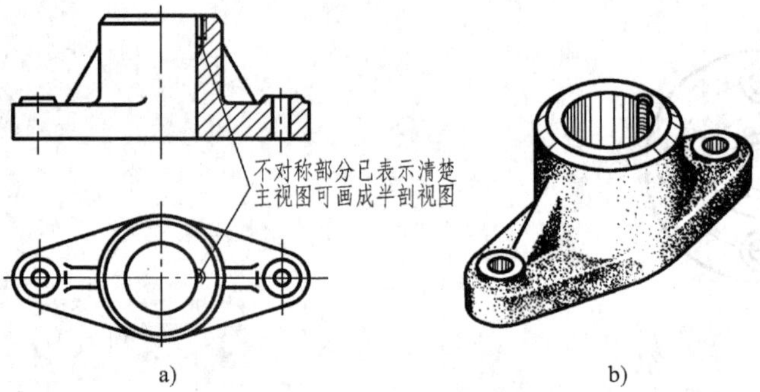

图 5-14　半剖视图（二）
a）半剖视图　b）直观图

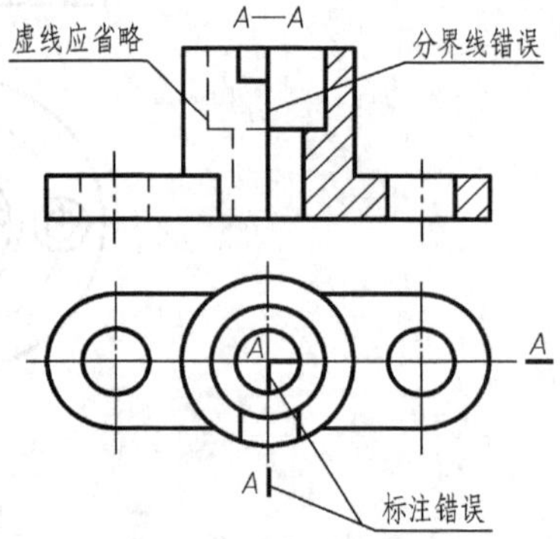

图 5-15　半剖视图的错误画法与标注

2）采用半剖视图后，不剖的一半一般不画虚线，但对孔、槽等结构需用细点画线画出其中心位置。

3）通常习惯把半剖视图画成“剖右留左、剖前留后、剖上留下”。

4）半剖视图的标注方法与全剖视图相同。

3. 局部剖视图

局部剖视图是一种比较灵活的表达方法，适用于下列情况：

1）内外形状均需表达，但机件不对称，不宜采用半剖的情况时，见图 5-16。

2）仅需局部地表达机件的内部形状，不必采用全剖时，见图 5-17。

3）对称机件内外形的轮廓线正好与图形的对称中心线重合，不宜采用半剖时，见图 5-18。

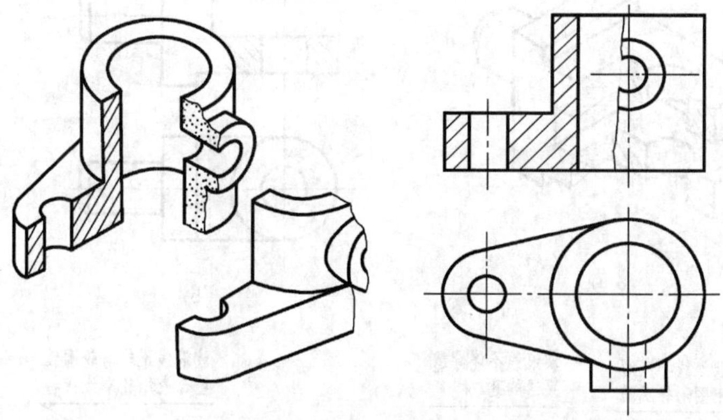

图 5-16　局部剖视图（一）

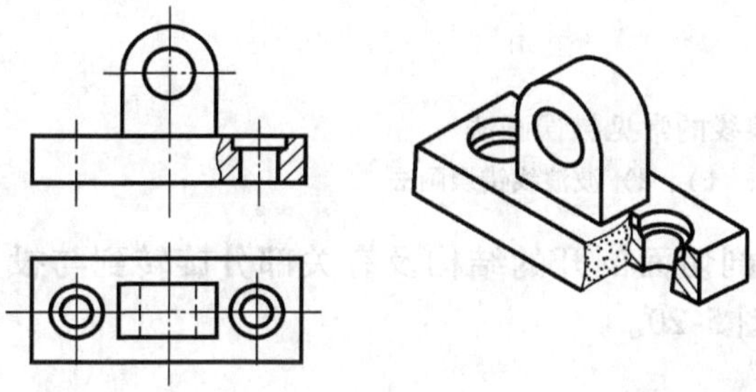

图 5-17　局部剖视图（二）

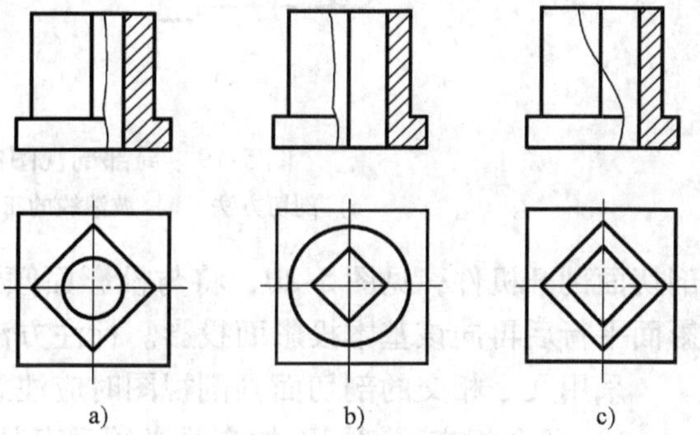

图 5-18　局部剖视图（三）

画局部剖视图时须注意：

1）局部剖视图用波浪线作为剖与不剖的分界线。波浪线不应与图中其他图线重合，也不能画在轮廓线的延长线上。波浪线可看作机件断裂痕迹的投影，因此它必须画在机件的实体上，不要超出实体外。遇到通孔、通槽等结构时，波浪线应断开。波浪线的错误画法见图 5-19。

2）局部剖视图的标注一般可省略不注。

三、剖切面的种类

由于机件的内部结构形状多种多样，故剖切面的种类也不尽相同。为此，国家标准（GB/T 17452—1998）规定根据机件的结构特点可以选择以下剖切面剖开机件。应注意的是，使用剖切面剖开机件，可以得到前面介绍的全剖视图、半剖视图和局部剖视图。

1. 单一剖切面

前面介绍的全剖视图、半剖视图和局部剖视图采用的都是单一剖切面。

2. 几个相交的剖切面（交线垂直于某一投影面）

当机件的内部结构用单一剖切面不能完整表达时，可采用两个（或两个以上）相交的

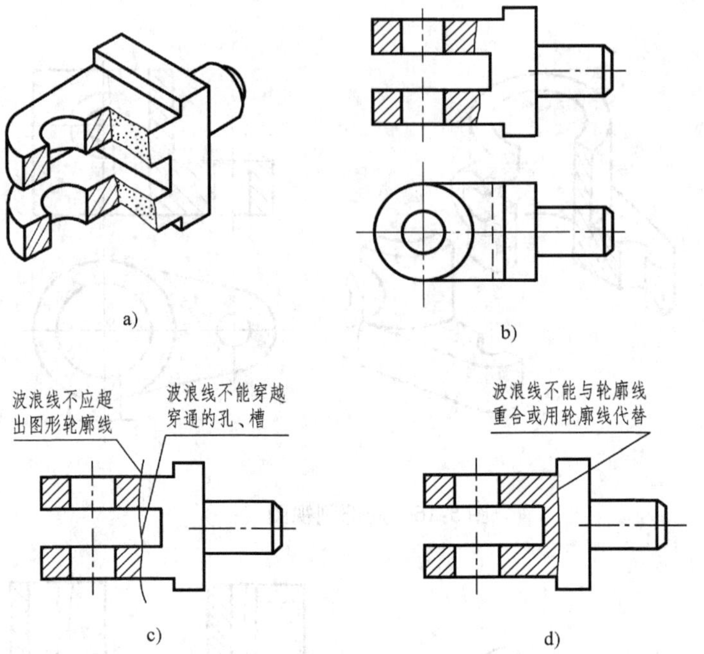

图 5-19　局部剖视图中波浪线的常见错误画法

a）剖切方法　b）波浪线的正确画法　c）、d）波浪线错误画法

剖切面剖开机件，见图 5-20，将与投影面倾斜的剖切面剖开的结构及有关部分旋转到与投影面平行后再向该基本投影面投影。标注方法见图 5-20。

采用几个相交的剖切面画剖视图时应注意：

1）几个相交的剖切面的交线必须垂直某一基本投影面。

2）绘这种剖切视图时，先假想按剖切位置切开零件，然后将被剖切面剖开的结构及其相关的部分旋转到与选定的投影面平行的位置上再进行投影。

3）在剖切面后面的其他结构一般仍按原来的位置投影，见图 5-21。

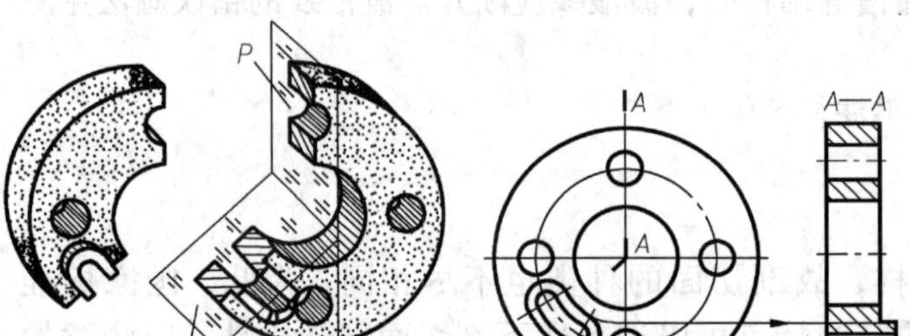

图 5-20　两相交剖切面

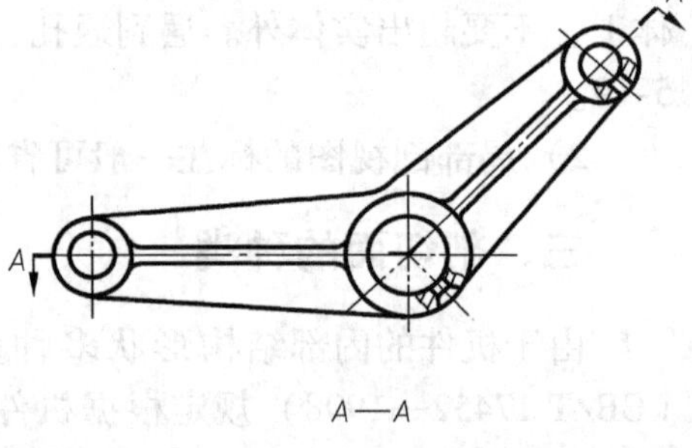

图 5-21　剖切面后的其他结构按原位置投影

3. 几个平行的剖切平面

当机件的内部结构位于几个平行平面上时，可以采用几个平行的剖切平面剖开机件。各剖切平面的转折处必须是直角，它们相互平行且与基本投影面也平行，见图 5-22。

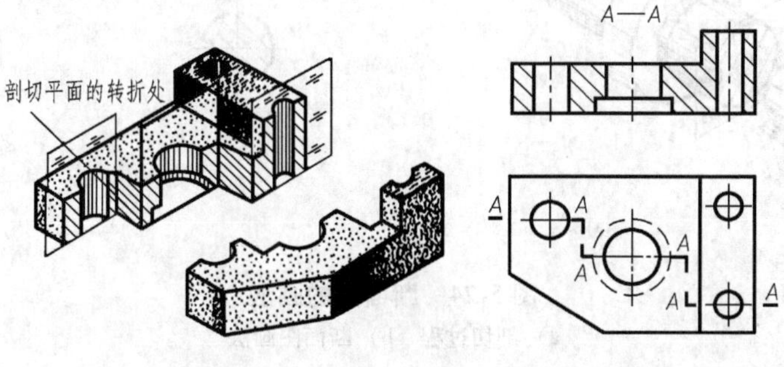

a)　　b)

图 5-22　几个平行剖切面（一）

采用几个平行的剖切面画剖视图时应注意：

1）平行剖切面之间必须垂直转折，由于剖切是假想的，所以在剖视图上不应画出剖切面转折的界线，见图 5-23c。

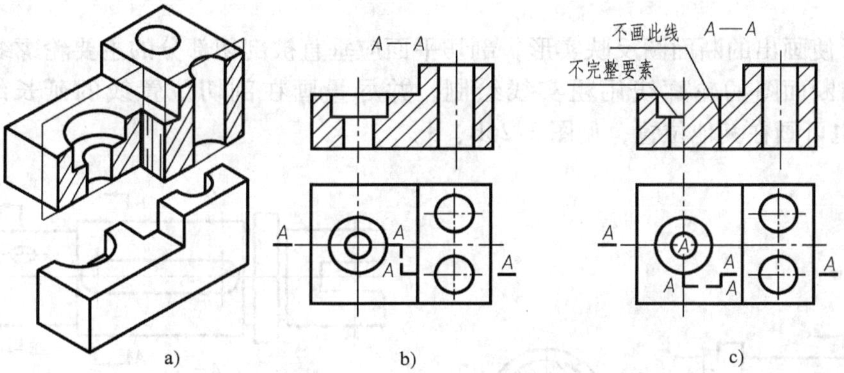

a)　　b)　　c)

图 5-23　几个平行剖切面（二）

a）剖切方法　b）正确画法　c）错误画法

2）表示剖切面转折位置的短粗实线不应与图中的轮廓线重合。

3）适当选择剖切位置，避免出现不完整要素，其错误画法见图 5-23c。

第三节　断　面　图

一、断面图的概念

假想用剖切平面将机件的某处切断，仅画出剖切平面与物体接触部分的图形，这种图形称为断面图，见图 5-24a、b。

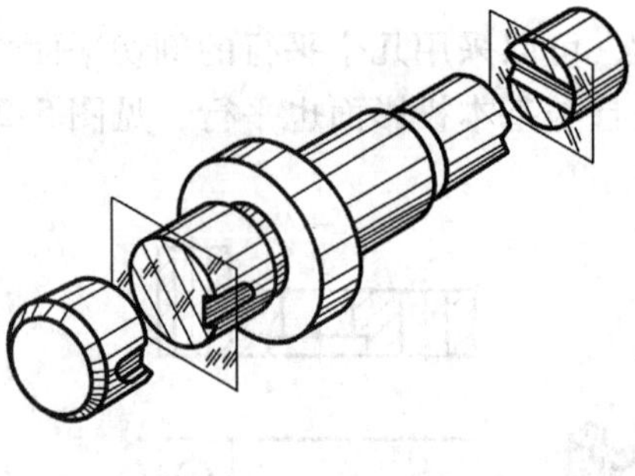

a)

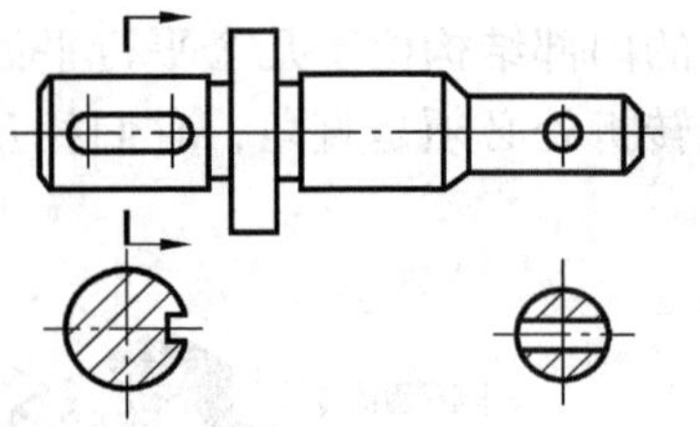

b)

图 5-24　断面图的画法
a）剖切过程　b）断面图画法

断面图与剖视图的区别是：断面图只画出物体被切处的断面形状，而剖视图除了画出其断面形状之外，还必须画出断面后物体所有可见部分的投影，见图 5-25。

断面图分为移出断面图和重合断面图。

二、移出断面图的画法与标注

画在视图外的断面图称为移出断面图，见图 5-25。

1. 画法

1）为了使画出的断面图反映实形，剖切平面应垂直被剖切部分的主要轮廓线或轴线。

2）移出断面图的轮廓线用粗实线绘制，并尽量画在剖切位置线的延长线上，见图 5-26a、c，也可画在其他位置，见图 5-26b、d。

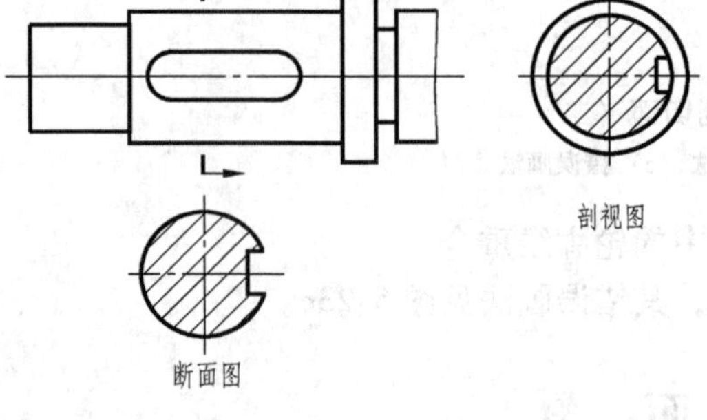

图 5-25　断面图与剖视图的区别

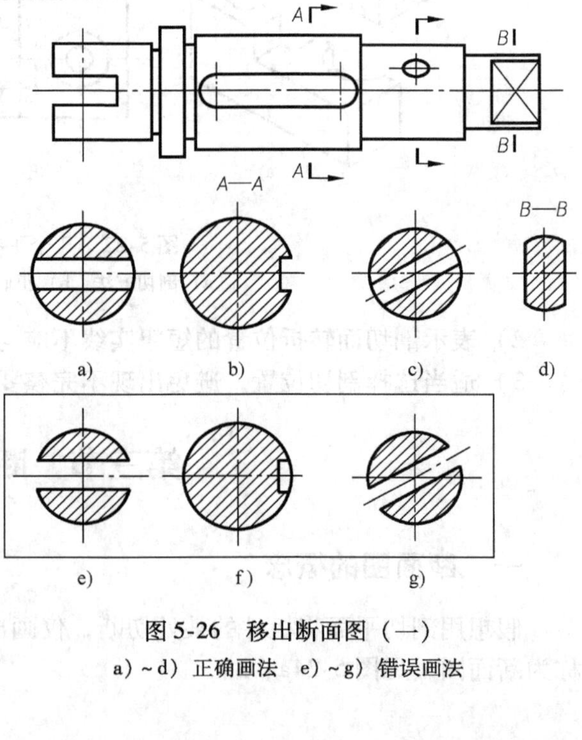

图 5-26　移出断面图（一）
a）~d）正确画法　e）~g）错误画法

3）当剖切平面通过由回转面形成的孔或凹坑的轴线时，这些结构应按剖视图绘制，见图 5-26c。

4）当剖切平面通过非回转面的孔、槽剖切，且会导致剖切断面完全分离时，则这些结构也应按剖视绘制，见图 5-26a。

5）由两个（或多个）相交的剖切平面剖切得到的移出断面图，可以画在一起，但中间要用波浪线断开，见图 5-27。

2. 标注

一般应在移出断面图上方用字母标出断面图名称“×—×”，在相应的视图上用剖切符号表示剖切位置，在剖切符号的两端用箭头表示剖切后的投射方向，并在剖切符号附近注上相同的字母，见图 5-26b。

画在剖切位置线的延长线上且移出的断面图对称时，可省略所有标注，用点画线表示剖切位置，见图 5-26a。画在剖切位置线的延长线上，移出的断面图不对称时，只可省略断面图名称和字母，见图 5-26c。不画在剖切位置线的延长线上且为对称的移出断面图时，只可省略箭头，见图 5-26d。

三、重合断面图的画法与标注

画在视图内的断面图称为重合断面图，见图 5-27。

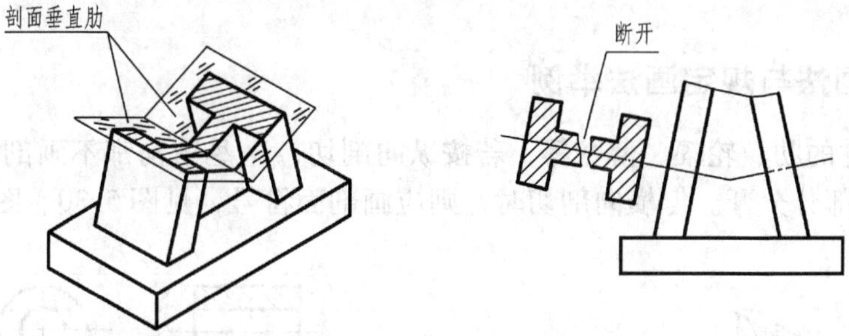

图 5-27　移出断面图（二）

1. 画法

剖切后将断面图形绕剖切位置线旋转 90°，使断面图重叠在视图上。重合断面图的轮廓线用细实线绘制。当视图中的轮廓线与重合断面图重叠时，视图中的轮廓线仍应连续画出，不可间断，见图 5-28b。

2. 标注

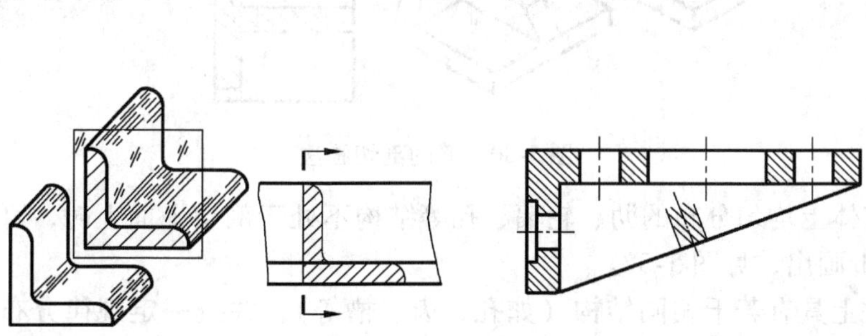

图 5-28　重合断面图

对称的重合断面图，省略标注，见图 5-28b。不对称的重合断面图，应注出剖切符合和箭头，见图 5-28a。

第四节　其他表达方法简介

一、局部放大图

当机件上某些细小结构，在视图中不易表达清楚和不便标注尺寸时，可将该局部结构用比原图大的比例画出，这种图形称为局部放大图，见图 5-29。

局部放大图可画成视图、剖视或断面图，应尽量配置在被放大部位附近。

局部放大图必须标注，方法是：在视图中用细实线圈出需要放大的部位，在局部放大图上方注写绘图比例（指放大图与机件实际大小之比，而不是与原图之比）。当放大部位不止一处时，须用罗马数字编号，并在放大部位及放大图上方注写相应的罗马数字，见图 5-29。

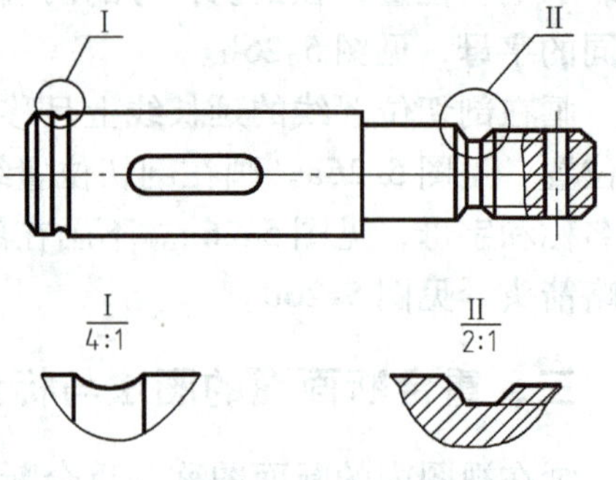

图 5-29　局部放大图

二、简化画法与规定画法举例

1）对于机件的肋、轮辐、薄壁等，若按纵向剖切，这些结构都不画剖面符号，而用粗实线将其与邻接部分分开。但横向剖切时，则应画剖面符号，见图 5-30、图 5-31。

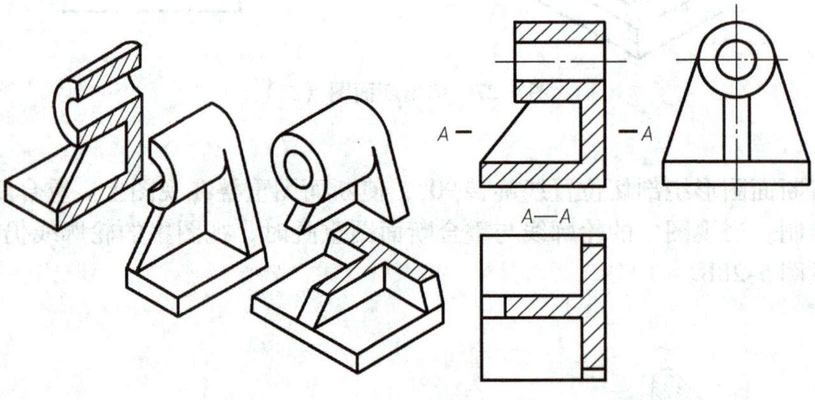

图 5-30　筋的剖切画法

2）当回转体上均匀分布的肋、轮辐、孔等结构不处于剖切平面上时，可将这些结构旋转到剖切平面上画出，见图 5-32。

3）当机件上具有若干相同结构（如孔、齿、槽等），并按一定规律分布时，只需画出几个完整的结构，其余用细实线连接，或画出它们的中心线，然后在图中注明其总数，见图 5-33。

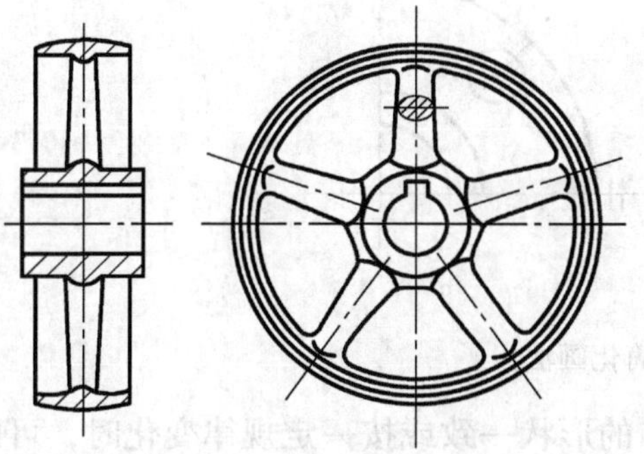

图 5-31　轮辐的剖切画法

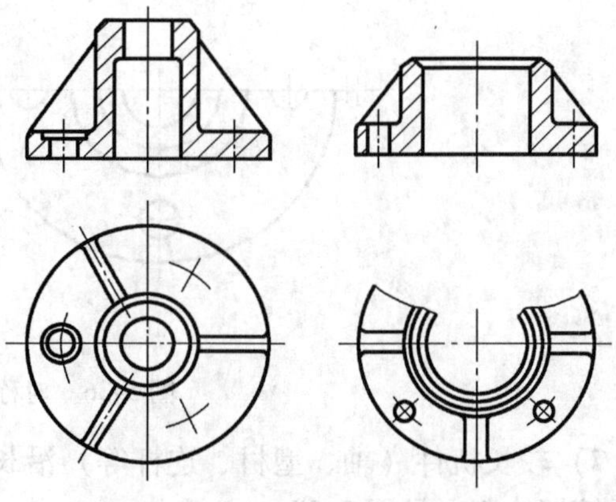

a)　b)

图 5-32　盘状机件上肋、孔的画法

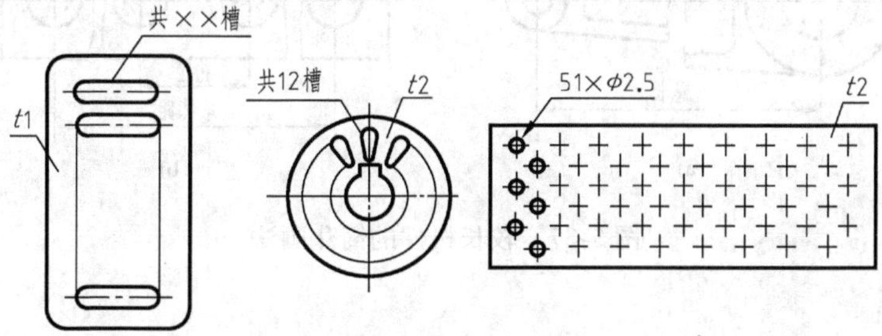

a)　b)　c)

图 5-33　相同结构要素的画法

4）当图形不能充分表达平面时，可用平面符号（两相交的细实线）表示，见图 5-34。

5）与投影面倾斜角度小于或等于 30°的圆或圆弧，其投影可用圆或圆弧代替椭圆，见图 5-35。

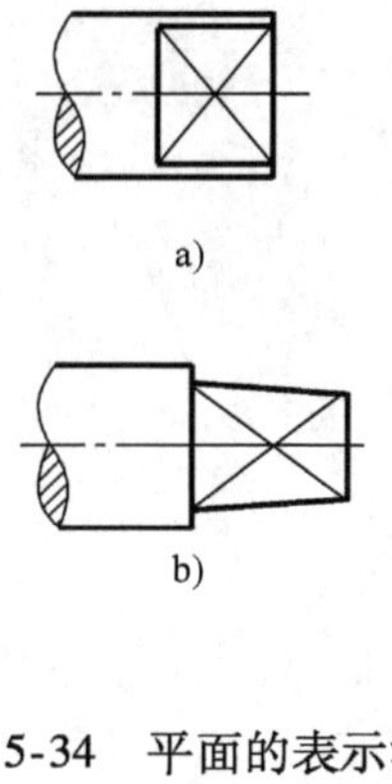

a)

b)

图 5-34　平面的表示法

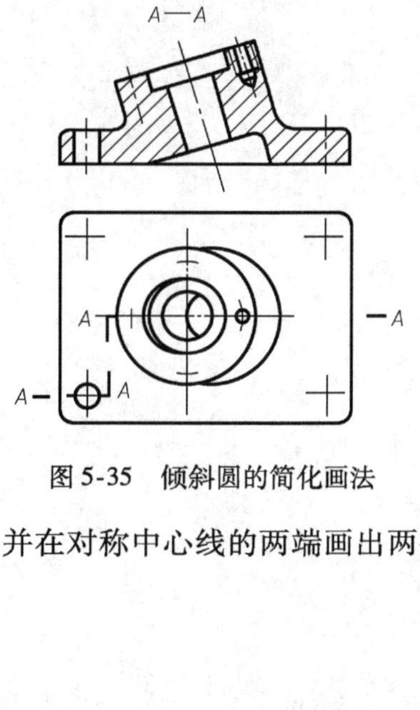

图 5-35　倾斜圆的简化画法

6）对称机件的视图可只画一半或四分之一，并在对称中心线的两端画出两条与其垂直的平行细实线，见图 5-36。

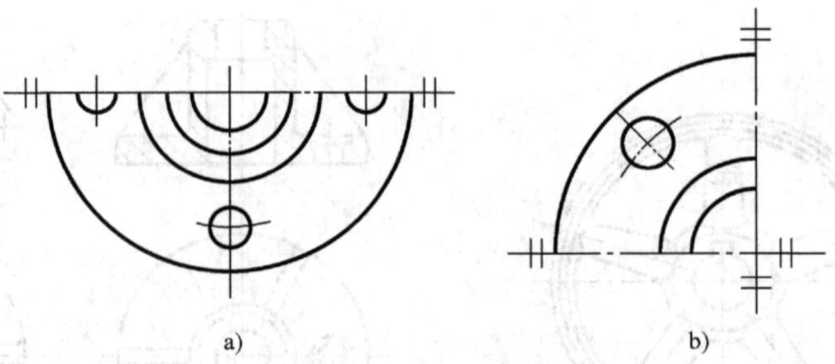

图 5-36　对称机件的简化画法

7）较长机件（轴、型材、连杆等）沿长度方向的形状一致或按一定规律变化时，可断开后缩短绘制，见图 5-37。

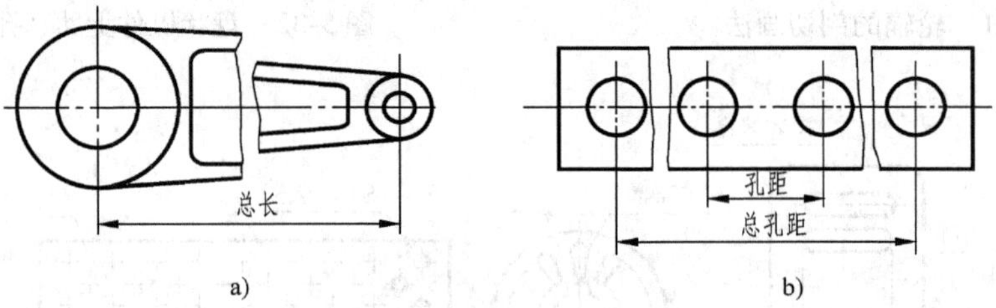

图 5-37　较长机件的简化画法

第六章　标准件和常用件

在机械设备中，有些零件使用范围广、需要量很大，如螺栓、螺钉、垫圈、螺母、键、销、滚动轴承、齿轮、弹簧等，为了提高经济效益，国家对它们的结构与尺寸全部或部分实行了标准化，我们称其为标准件和常用件。实际绘图时，只需根据国家标准规定的画法、代号及标记去进行绘图和标注即可，不必按真实投影画出。其具体尺寸可从有关标准中查阅。

本章将重点介绍一些主要标准件和常用件的规定画法、代号、标记与识读。

第一节　螺　纹

一、螺纹的形成

螺纹是根据螺旋线的形成原理加工而成的，螺纹制作的方法很多，图 6-1 所示为在车床上车削螺纹的情况。当固定在车床卡盘上的工件作等速旋转时，螺纹刀具切削工件并沿工件表面作直线等速移动，这样即可在工件上加工出螺纹。由于车刀刀尖形状有三角形、梯形、锯齿形等不同，车削出的螺纹形状也不同。

在圆柱或圆锥外表面上加工成的螺纹称为外螺纹，见图 6-1a。在圆筒或圆锥孔内表面上加工成的螺纹称为内螺纹，见图 6-1b。

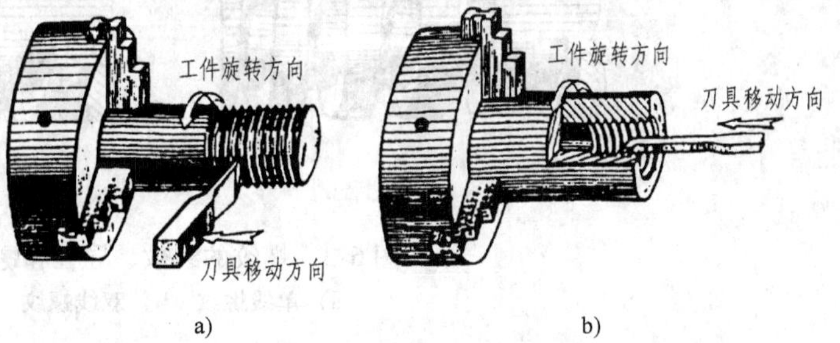

图 6-1　在车床上加工螺纹
a）车外螺纹　b）车内螺纹

二、螺纹的五要素

1. 牙型

沿螺纹轴线剖切的断面轮廓形状称为牙型。螺纹牙型主要有三角形、梯形、锯齿形等。图 6-2 所示为三角形牙型的内、外螺纹。

2. 直径

根据测量位置不同，螺纹直径分为大径、小径、中径三种，见图 6-2。

（1）大径　与外螺纹牙顶或内螺纹牙底相切的假想圆柱或圆锥的直径，又称为螺纹的公称直径。外螺纹大径用代号 d，内螺纹大径用代号 D 表示。

（2）小径　与外螺纹牙底或内螺纹牙顶相切的假想圆柱或圆锥的直径。外螺纹小径用代号 d_1，内螺纹小径用代号 D_1 表示。

（3）中径　中径是一个假想圆柱或圆锥的直径，该圆柱或圆锥的素线通过牙型上的沟

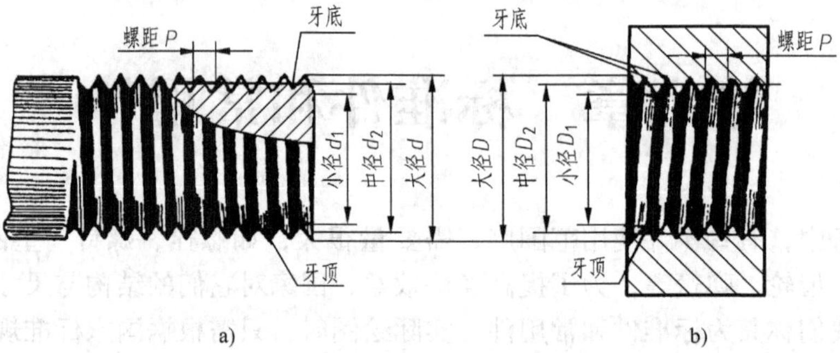

图 6-2　内外螺纹的各部分名称和代号
a）外螺纹　b）内螺纹

槽和凸起宽度相等的地方。外螺纹中径用代号 d_2，内螺纹中径用代号 D_2 表示。

3. 线数（n）

（1）单线螺纹　沿一条螺旋线所形成的螺纹，见图 6-3a。

（2）多线螺纹　沿两条或两条以上螺旋线所形成的螺纹，见图 6-3b。

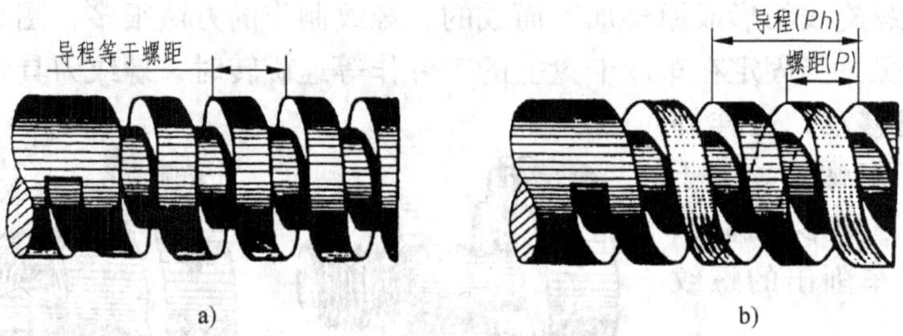

图 6-3　螺纹的线数、导程和螺距
a）单线螺纹　b）双线螺纹

4. 螺距（P）和导程（Ph）

（1）螺距　相邻两牙在中径线上对应两点间的轴向距离，见图 6-3。

（2）导程　同一条螺旋线上的相邻两牙在中径线上对应点间的轴向距离，见图 6-3。

螺距、导程、线数三者间的关系为：

导程（Ph）= 螺距（P）× 线数（n）

5. 旋向

按螺纹旋入时的转动方向分为右旋和左旋两种螺纹。顺时针旋转时旋入的螺纹，称为右旋螺纹，逆时针旋转时旋入的螺纹称左旋螺纹。图 6-4a 所示为左旋螺纹，图 6-4b 所示为右旋螺纹。工程上常用的是右旋螺纹。五个结构要素相同的内外螺纹才能旋合在一起，五个要素中，牙型、大径和螺距是

图 6-4　螺纹的旋向
a）左旋螺纹　b）右旋螺纹

决定螺纹结构的基本要素，为便于设计和制造，国家标准对这三个要素做了规定，这三个要素都符合标准的螺纹称为标准螺纹，牙型不符合标准的螺纹称为非标准螺纹。

三、螺纹的规定画法

1. 外螺纹的画法

螺纹牙顶用粗实线表示，牙底用细实线表示，一般近似取 $d_1 = 0.85d$。螺杆的倒角或倒圆部分也应画出。螺纹终止线用粗实线表示。

在垂直于螺纹轴线的投影面的视图中，以约 3/4 圈细实线圆表示牙底，轴上倒角圆省略不画，见图 6-5a、b。

在剖视或剖面图中，剖面线必须画到表示牙顶圆投影的粗实线处，见图 6-5b、c。

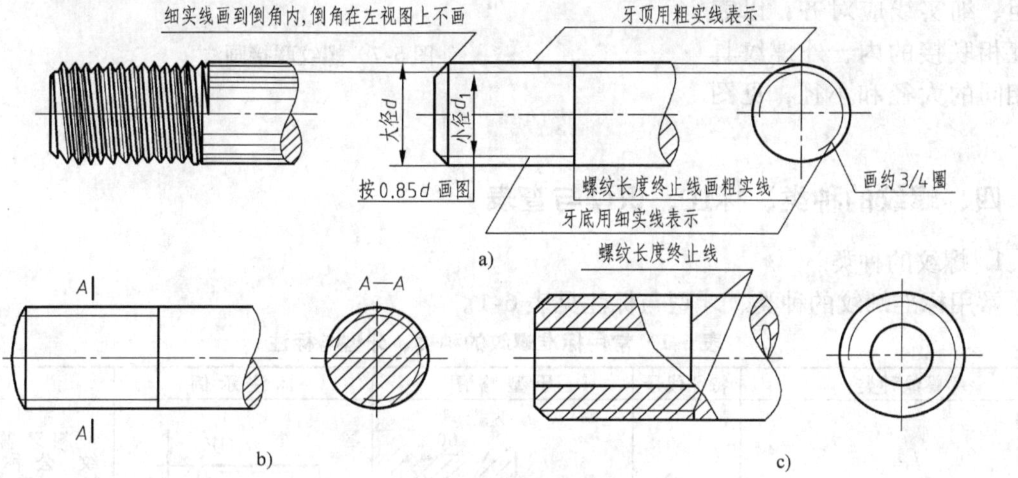

图 6-5　外螺纹的画法

2. 内螺纹的画法

零件上螺孔未剖时，内螺纹牙顶圆及牙底圆的投影均用虚线表示，见图 6-6a。

在剖视或剖面图中，内螺纹牙顶及螺纹终止线用粗实线表示，牙底用细实线表示。剖面线必须画到粗实线处。在垂直于螺纹轴线的投影面的视图中，以约 3/4 圈细实线圆表示牙底，倒角圆省略不画，见图 6-6b。

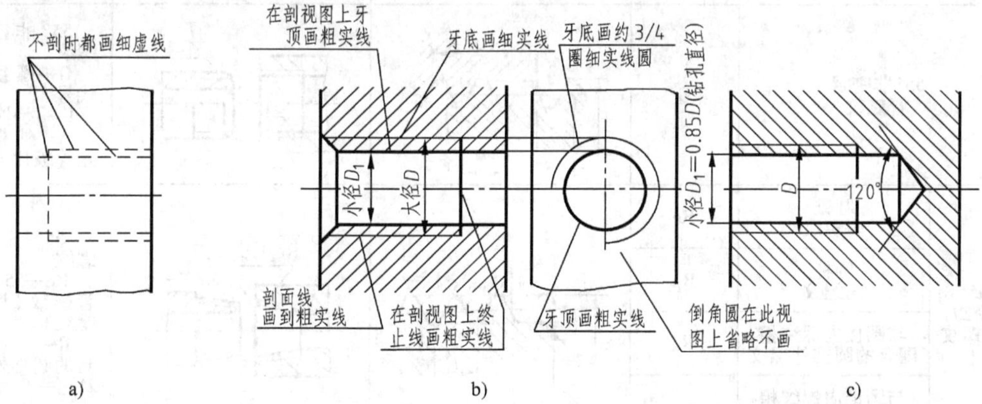

图 6-6　内螺纹的画法

绘制不通螺纹孔时，应将钻孔深度与螺纹部分的深度分别画出，钻孔圆锥角为120°，见图6-6c。

3. 螺纹联接的画法

画螺纹联接部分时，一般采用剖视图。旋合部分按外螺纹绘制，未旋合部分按各自规定绘制，同时应注意表示内、外螺纹牙顶和牙底的粗、细实线应对齐，以表示互相联接的内、外螺纹具有相同的大径和小径，见图6-7。

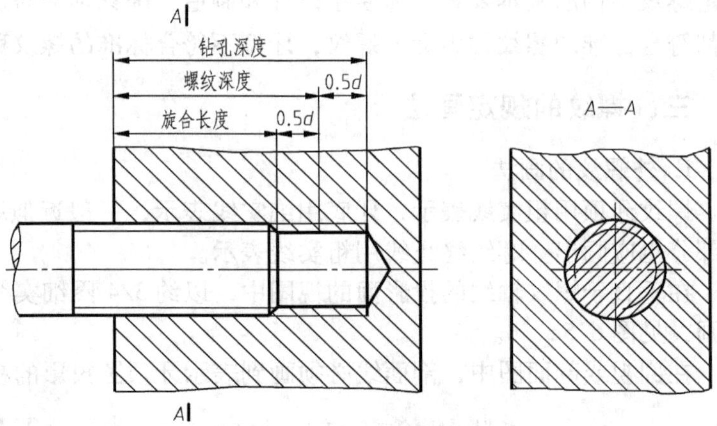

图6-7　螺纹联接画法

四、螺纹的种类、标注、识读与查表

1. 螺纹的种类

常用标准螺纹的种类、牙型与标注见表6-1。

表6-1　常用标准螺纹的种类、牙型与标注

螺纹种类			特征代号	牙型略图	标注示例	说明
连接螺纹	粗牙普通螺纹		M	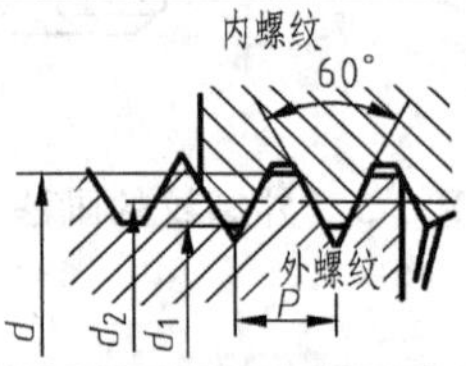	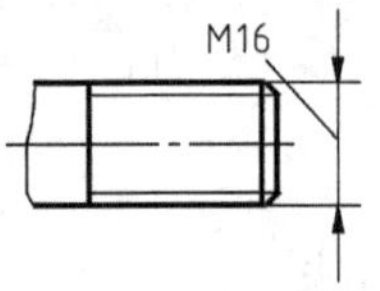	粗牙普通螺纹，公称直径16mm，右旋。中径与顶径公带均带为6g[1]，中等旋合长度
	细牙普通螺纹		M	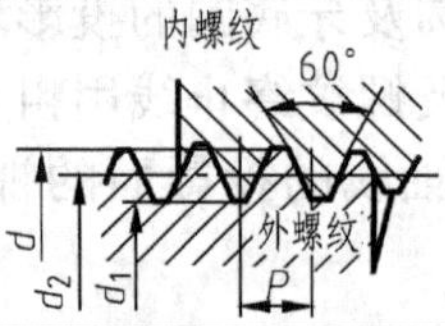	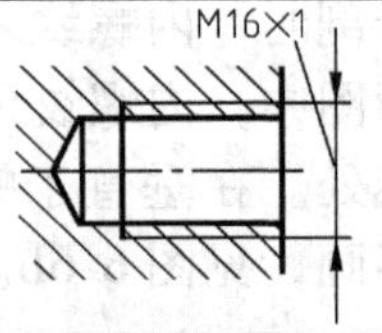	细牙普通螺纹，公称直径16mm，螺距1mm，右旋，中径与顶径公差带均为6H[1]，中等旋合长度
	55°非密封管螺纹		G	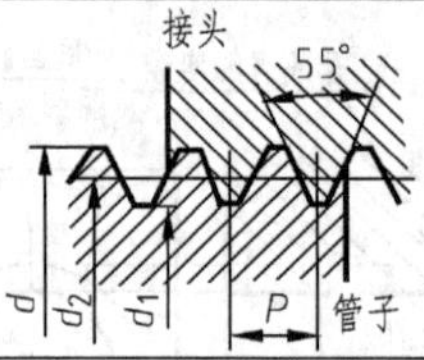	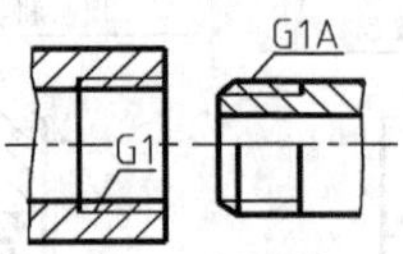	55°非密封管螺纹 G—螺纹特征代号 1—尺寸代号 A—外螺纹公差等级代号
	55°密封管螺纹	圆锥内螺纹	Rc	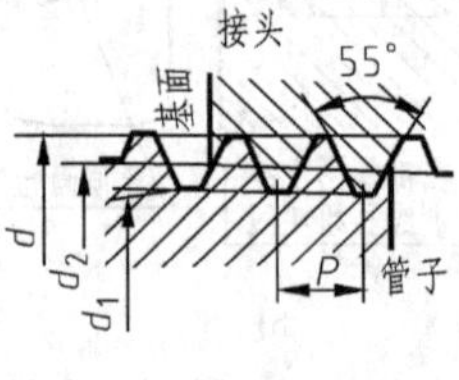	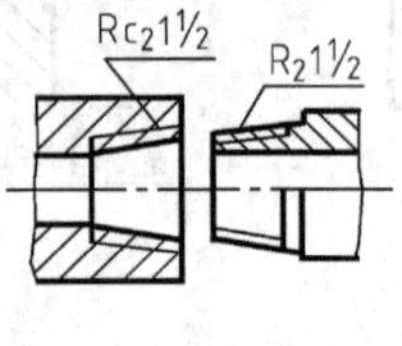	55°密封管螺纹 Rc—55°密封管螺纹（圆锥内螺纹） R—用螺纹密封的圆锥外螺纹 2½—尺寸代号
		圆柱内螺纹	Rp			
		与圆柱内螺纹相配合的圆锥外螺纹	R_1			
		与圆锥内螺纹相配合的圆锥外螺纹	R_2			

（续）

螺纹种类		特征代号	牙型略图	标注示例	说　明
传动螺纹	梯形螺纹	Tr	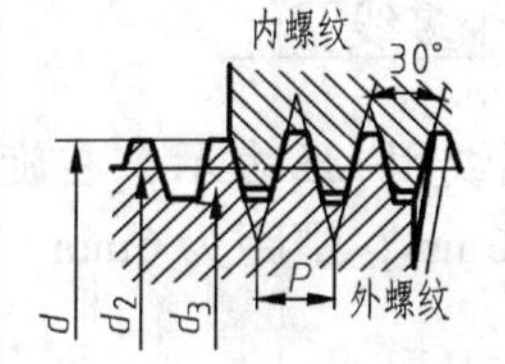	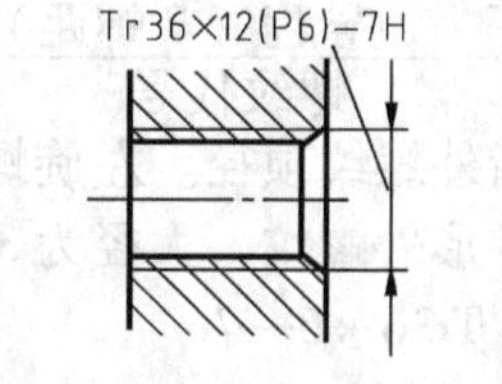	梯形内螺纹，公称直径 d = 36mm，双线，导程 12mm，螺距 6mm，右旋，中径公差带为 7H，中等旋合长度
	锯齿形螺纹	B	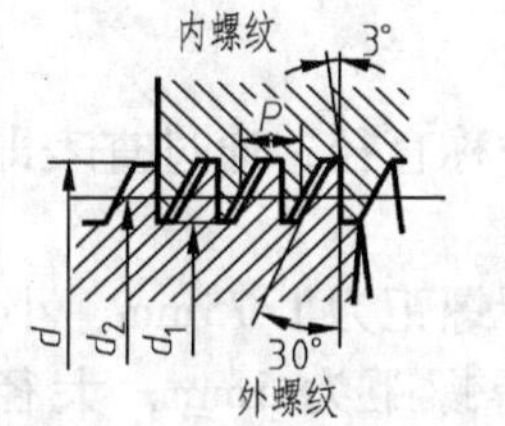	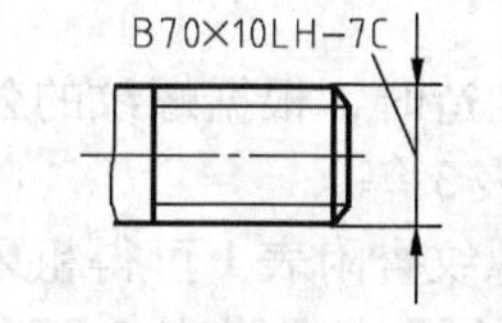	锯齿形外螺纹，公称直径 70mm，单线，螺距 10mm，左旋，中径公差带为 7C，中等旋合长度

①公差带为 6H 的内螺纹与公差带为 6g 的外螺纹，在图中标注时不注写公差带代号。

2. 螺纹的标注、识读

（1）普通螺纹　标注规定格式如下：

螺纹特征代号 公称直径×螺距　旋向－中径公差带　顶径公差带－螺纹旋合长度

（螺纹代号：螺纹特征代号 公称直径×螺距　旋向；公差带代号：中径公差带　顶径公差带；旋合长度代号：螺纹旋合长度）

螺纹特征代号用 M 表示。公称直径系螺纹大径。粗牙普通螺纹不标注螺距。左旋螺纹用 LH 表示，右旋螺纹不标注旋向。每组公差带代号由表示公差等级的数字和表示公差带位置的字母组成；大写字母代表内螺纹，小写字母代表外螺纹；若两组公差带相同，则只写一组。旋合长度分为短（S）、中（N）、长（L）三种，一般多采用中等旋合长度，其代号 N 省略不注。

例　粗牙普通外螺纹，大径为 10mm，右旋，中径公差带为 5g，顶径公差带为 6g，短旋合长度，其标记为：M10-5g6g-S。

例　细牙普通外螺纹，大径 30mm、螺距 2mm、左旋、中径和顶径公差带为 5g 和 6g，长旋合长度，其标记为：M30×2LH-5g6g-L。

（2）管螺纹

1）55°非密封管螺纹标注格式如下：

螺纹特征代号　尺寸代号　公差等级代号—旋向代号

螺纹特征代号用 G 表示。尺寸代号用 1/2，3/4…表示。管螺纹的尺寸代号并非螺纹公称直径或管子的大径。其数值与管子通孔直径相近。各种管子尺寸可查阅相关标准。

公差等级代号：对外螺纹分 A、B 两级标记，对内螺纹则不标记。左旋螺纹加注 LH，右旋螺纹不标注旋向。

例　1½螺纹标注为：A 级右旋外螺纹 G1½A；左旋内螺纹 G1½—LH。

2）55°密封管螺纹有圆锥外螺纹（R）、圆锥内螺纹（Rc）和圆柱内螺纹（Rp）三种，标注如下：

螺纹特征代号　尺寸代号—旋向代号

例　3/4 螺纹标注为：右旋圆锥内螺纹 Rc3/4；左旋圆柱内螺纹 Rp3/4LH。

（3）梯形和锯齿形螺纹标记　梯形螺纹（Tr）和锯齿形螺纹（B）标注格式如下：

螺纹特征代号 公称直径 × 螺距（单线） 或 导程（P 螺距）［多线］　　旋向—中径公差带—旋合长度

螺纹代号　　　　　　　　　　　　　　　　　　　公差带代号　　旋合长度代号

公称直径指外螺纹顶径。左旋螺纹用 LH 表示，右旋螺纹不标注旋向。

例　单线梯形外螺纹，大径为 36mm，螺距为 6mm，右旋，中径公差带为 7e，中等旋合长度，标注为：Tr36 ×6—7e

标注、识读示例见表 6-1。

3. 查表

螺纹加工制造时，根据螺纹的公称直径，通过查表即可获得所需螺距和直径。详见附表 1、附表 2、附表 3 等。

例　M12 螺纹查附表 1 可得粗牙螺距为 1.75mm，小径为 10.106mm。

例　Tr24 外螺纹查附表 2 可得螺距为 5mm，大径为 24.5mm，中径为 19mm，小径为 18.5mm。

第二节　常用螺纹紧固件

一、常用螺纹紧固件的种类、标记和查表

螺栓、螺柱、螺钉、螺母和垫圈等统称为螺纹紧固件，它们主要起联接、紧固作用，其结构和尺寸都已经标准化，查相应的标准可得有关尺寸。常用紧固件的标记见表 6-2。

表 6-2　常用螺纹紧固件及其标记

标记内容				标记示例	
名称	标准编号	形式与尺寸	热处理、表面处理性能等级	图例主要尺寸及标记示例	说　明
六角头螺栓	GB/T 5780—2000 GB/T 5781—2000 GB/T 5782—2000 GB/T 5783—2000 GB/T 5784—2000 GB/T 5785—2000 GB/T 5786—2000	螺纹代号 ×公称长度	性能等级表面处理等	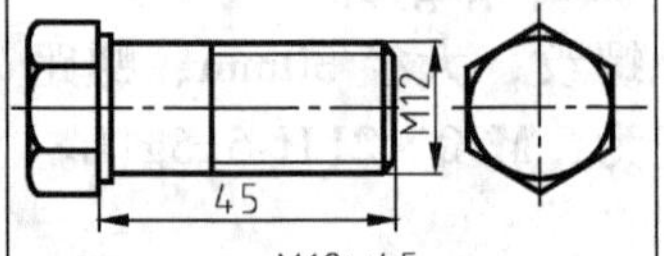 M12×45	A 级六角头螺栓，螺纹规格 $d = 12$mm，公称长度 $l = 45$mm
双头螺柱	GB/T 897—1988 GB/T 898—1988 GB/T 899—1988 GB/T 900—1988	螺纹代号 ×公称长度	性能等级表面处理等	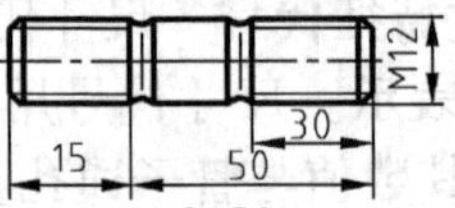 M12×50	A 型 $b_m = 1.25d$ 的双头螺栓，螺纹规格 $d = 12$mm，公称长度 $l = 50$mm，旋入端 $b_m = 15$mm
开槽圆柱头螺钉	GB/T 65—2000	螺纹代号 ×公称长度	性能等级表面处理等	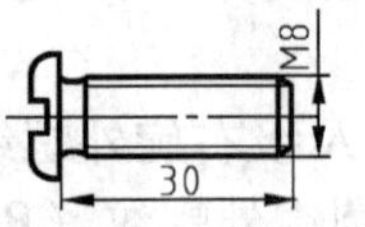 M8×30	螺纹规格 $d = 8$mm，公称长度 $l = 30$mm
螺母	GB/T 6170—2000 等	螺纹代号	性能等级	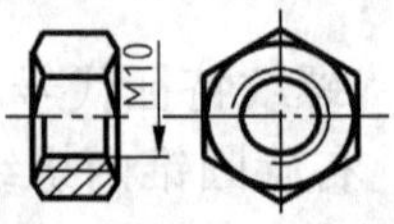 M10	A 级 I 型六角螺母螺纹规格 $D = 10$mm

（续）

标记内容				标记示例	
名称	标准编号	形式与尺寸	热处理、表面处理性能等级	图例主要尺寸及标记示例	说明
垫圈	GB/T 97.1—2002 等	公称直径	性能等级	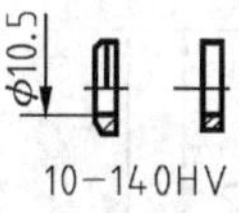	A级倒角型平垫圈，性能等级为140HV级，公称直径 $d=10$mm（非内径）

二、常用螺纹紧固件联接图画法

1. 规定画法

1）两零件的接触表面只画一条线，不接触表面画两条线。

2）被联接的相邻两零件的剖面线方向相反，或者方向一致，但间隔不等。

3）当剖切平面通过螺栓、螺母、垫圈等标准件轴线时，这些零件都应按不剖绘制。

4）螺纹紧固件的工艺结构，如倒角、退刀槽、缩颈、凸肩等均可省略不画。

2. 螺栓联接图

螺栓联接适用于联接两个不太厚的零件，将螺栓穿入被联接的两个零件的光孔后，在螺杆端套上垫圈，旋紧螺母即可紧固零件。为方便作图，螺栓联接作图常采用比例画法见图6-8。

尺寸比例如下：

螺栓：$b=2d$，$R=1.5d$，$k=0.7d$，$R_1=d$，$d_1=0.85d$，s 由作图决定。

螺母：$e=2d$，$R=1.5d$，$R_1=d$，$m=0.8d$，r，s 由作图决定。

垫圈：$h=0.15d$，$d_2=2.2d$。

被联接件的孔径：$D_0=1.1d$。

螺栓的公称长度 l 应按下式计算，然后根据螺栓的标准长度系列，选取标准长度值。

$l\approx$ 被联接零件的总厚度（$\delta_1+\delta_2$）+ 垫圈厚度（h）+ 螺母厚度（m）+ 螺栓伸出螺母的长度（$0.3\sim0.4d$）

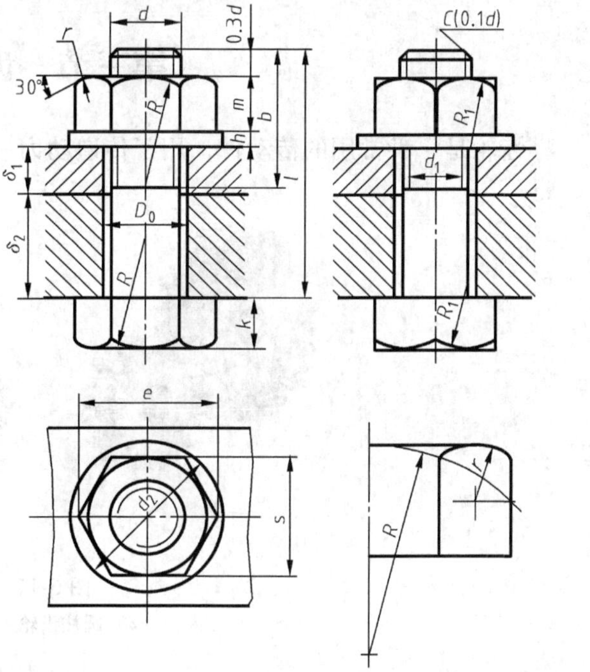

图6-8　螺栓联接图

3. 双头螺柱联接图

双头螺柱联接适用于被联接件之一比较厚，不宜钻孔，或者经常拆卸又不宜采用螺钉联接的场合。联接时，将螺柱一端全部旋入被联接件的螺孔内，另一端穿过被联接件的光孔，垫上垫圈后旋紧螺母。

螺柱联接图见图6-9。

4. 螺钉联接图

螺钉种类很多，联接图画法也不完全一样，它适用于被联接件受力不大、又经常拆卸的场合。通常情况下，联接时将螺钉穿过一个被联接件的光孔，而旋入另一被联接的螺孔中。

开槽沉头螺钉联接图见图 6-10。

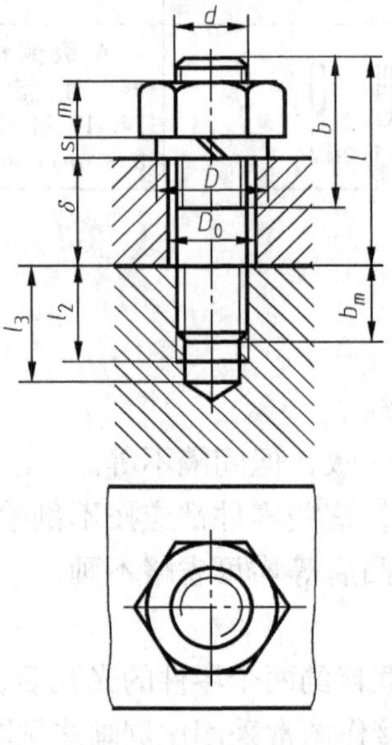

图 6-9　螺柱联接图

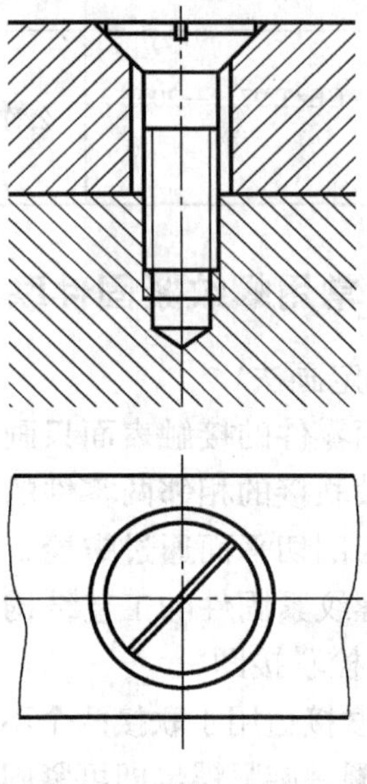

图 6-10　开槽沉头螺钉联接图

第三节　齿　　轮

齿轮是一种常用的传动件，用于传递动力、变换转速和改变旋转方向，见图 6-11。

图 6-11　齿轮

a）圆柱齿轮　b）锥齿轮

一、标准圆柱直齿轮各部分名称和尺寸计算

1. 轮齿各部分名称

齿轮各部分名称见图 6-12。

（1）齿顶圆　轮齿顶部的圆，直径用 d_a 表示。

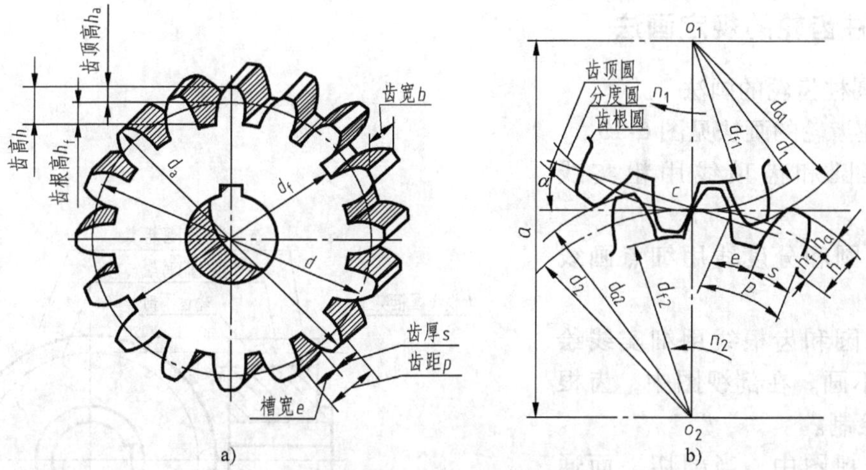

图6-12　圆柱直齿轮各部分名称

（2）齿根圆　轮齿根部的圆，直径用 d_f 表示。

（3）分度圆　齿轮加工时用做轮齿分度的圆，其直径用 d 表示。

（4）齿厚　在分度圆上，每一齿的弧长，用 s 表示。

（5）槽宽　分度圆周上相邻两齿的弧长，用 e 表示。

（6）齿距　分度圆周上相邻两齿对应点间的弧长，用 p 表示，$p=s+e$。

（7）齿顶高　分度圆至齿顶圆间的径向距离，用 h_a 表示。

（8）齿根高　分度圆至齿根圆间的径向距离，用 h_f 表示。

（9）齿高　齿顶圆与齿根圆之间的径向距离，用 h 表示，$h=h_a+h_f$。

（10）齿宽　沿齿轮轴线方向量得的轮齿宽度，以 b 表示。

（11）压力角　轮齿在分度圆的啮合点 C 处的受力方向与该点瞬时运动方向线间的夹角，用 α 表示。我国标准齿轮的压力角 $\alpha=20°$。

（12）模数　齿距与圆周率 π 的比值（p/π），用 m 表示。其值已标准化，它是齿轮设计，加工制造中的重要参数，见表6-3。

表6-3　模数标准系列（GB/T 1357—2008）　（单位：mm）

第一系列	1 1.25 1.5 2 2.5 3 4 5 6 8 10 12 16 20 25 32 40 50	第二系列	1.125 1.375 1.75 2.25 2.75 3.5 4.5 5.5(6.5)7 9 11 14 18 22 28 36 45

注：应优先选用第一系列，括号内的模数尽量不选用。

2. 尺寸计算

标准直齿圆柱齿轮的计算公式见表6-4。

表6-4　标准直齿圆柱齿轮的计算公式

名称	代号	计算公式	名称	代号	计算公式
模数	m	$m=p/\pi$	分度圆直径	d	$d=mz$
齿距	p	$p=\pi m$	齿顶圆直径	d_a	$d_a=d+2h_a=m(z+2)$
齿顶高	h_a	$h_a=m$	齿根圆直径	d_f	$d_f=d-2h_f=m(z-2.5)$
齿根高	h_f	$h_f=1.25m$	中心距	a	$a=(d_1+d_2)/2=m(z_1+z_2)/2$
齿全高	h	$h=h_a+h_f=2.25m$	压力角	α	$\alpha=20°$

注：z 表示齿轮的齿数。

二、圆柱齿轮的规定画法

1. 单个圆柱齿轮的画法

单个圆柱齿轮的画法见图 6-13。

1）齿顶圆和齿顶线用粗实线绘制。

2）分度圆和分度线用细点画线绘制。

3）齿根圆和齿根线用细实线绘制，可省略不画。在剖视图中，齿根线用粗实线绘制。

4）在剖视图中，当剖切平面通过齿轮轴线时，轮齿一律按不剖处理。

5）因 $h_a < h_f$，所绘单个圆柱齿轮图中，h_a 不能等于 h_f，更不允许 $h_a > h_f$。

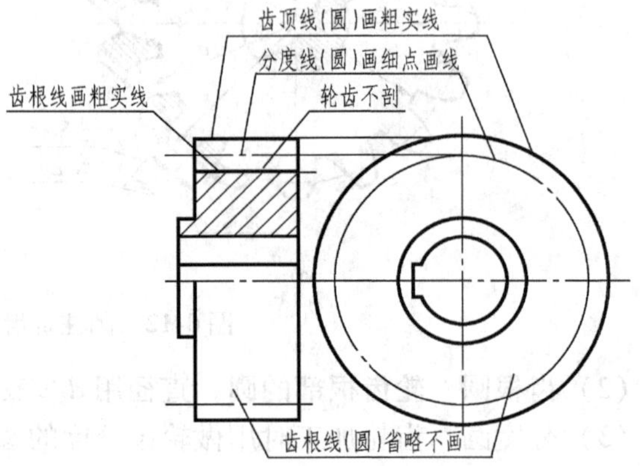

图 6-13　圆柱齿轮的规定画法

2. 圆柱齿轮啮合图的画法

（1）啮合条件　一对标准圆柱直齿齿轮模数必须相同才能啮合。两啮合齿轮的分度圆相切。

（2）啮合图画法　图 6-14 所示为圆柱齿轮啮合图，在非圆视图中，啮合区内的齿顶圆均用粗实线绘制，见图 6-14a；也可省略不画，见图 6-14b。相切的两分度圆用点画线画出。两齿根圆用细实线画出，也可省略不画。在剖视图上，啮合区中齿顶线与齿根线间要留有间隙。不作剖视时，啮合区内的齿顶线不必画出，此时分度线用粗实线绘制，见图 6-14b、c。

图 6-14　圆柱齿轮的啮合画法

三、读齿轮零件图

读懂齿轮零件图具有很重要的实用性，见图 6-15，从右上角表中可知齿轮的模数和齿数等参数；从图中又可知齿顶圆直径、齿宽、分度圆直径，经计算即可知齿轮的齿高等参数值；从标题栏、技术要求可知齿轮的材料和加工要求等内容。

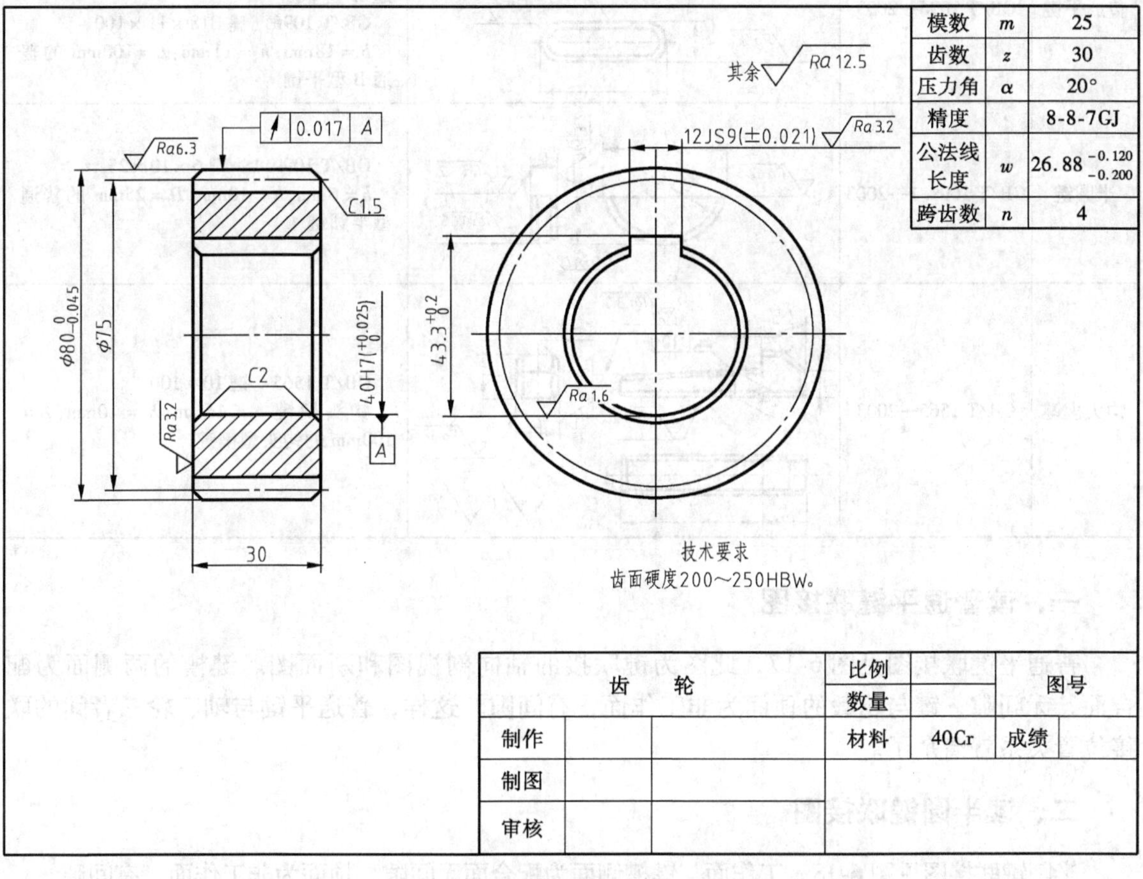

图 6-15　齿轮工作图

第四节　键　联　接

键主要用来联接轴上的齿轮、带轮等传动零件，起传递转矩的作用。键的种类较多，常用的有平键、半圆键、钩头楔键等，见图 6-16。

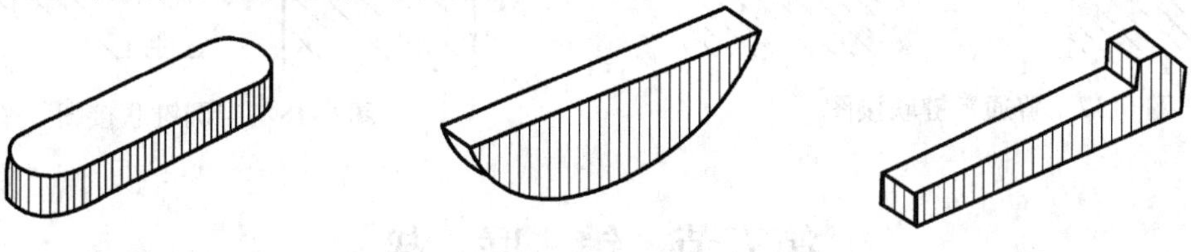

a)　　b)　　c)

图 6-16　常用键

a）平键　b）半圆键　c）钩头楔键

常用键的形式和标记示例，见表 6-5。

表 6-5　键的形式和标记示例

名称	标准号	图　例	标　记
普通平键	GB/T 1096—2003	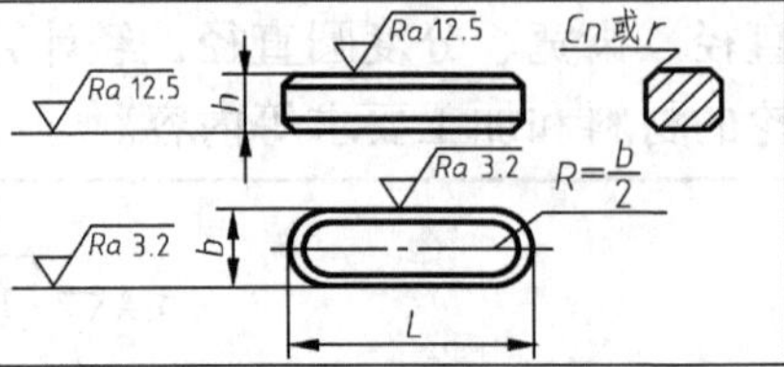	GB/T 1096　键 16×10×100 b = 16mm, h = 10mm, L = 100mm 的普通 A 型平键 GB/T 1096　键 B18×11×100 b = 18mm, h = 11mm, L = 100mm 的普通 B 型平键
半圆键	GB/T 1099.1—2003	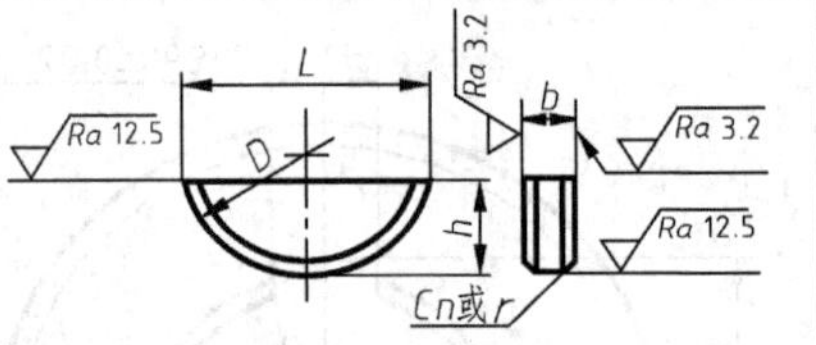	GB/T 1099.1　键 6×10×25 b = 6mm, h = 10mm, D = 25mm 的普通型半圆键
钩头楔键	GB/T 1565—2003	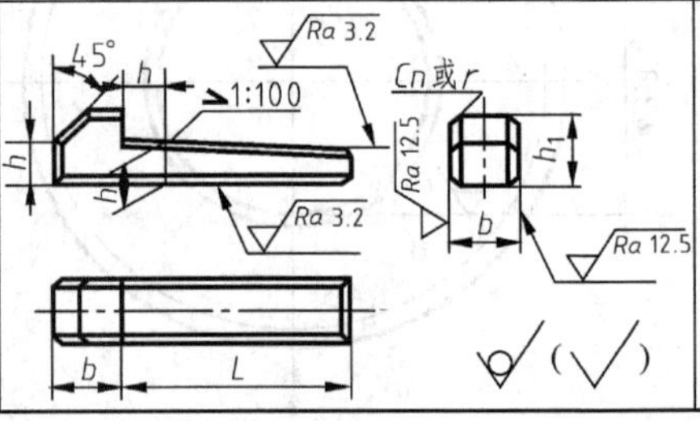	GB/T 1565　键 10×100 钩头楔键 b = 16mm, h = 10mm, L = 100mm 的钩头型楔键

一、读普通平键联接图

普通平键联接图见图 6-17，此图为键联接的轴向剖视图和断面图。键槽的两侧面为配合面，无间隙，键与轮毂的顶面为非工作面，有间隙。这样，普通平键与轴、轮三者间的联接位置关系就清楚了。

二、读半圆键联接图

半圆键联接图见图 6-18，工作面与键槽侧面为配合面无间隙，顶面为非工作面，有间隙。

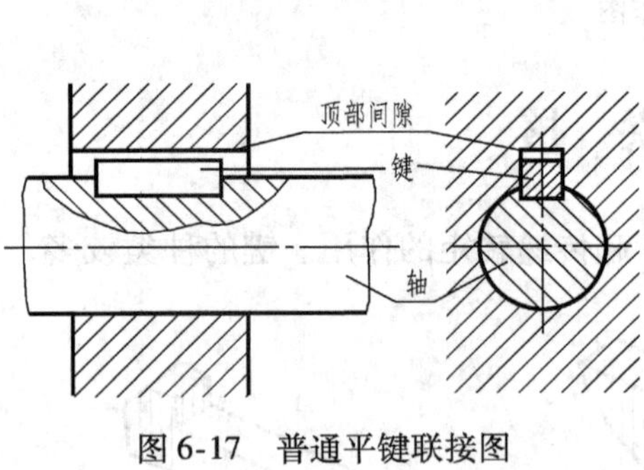

图 6-17　普通平键联接图

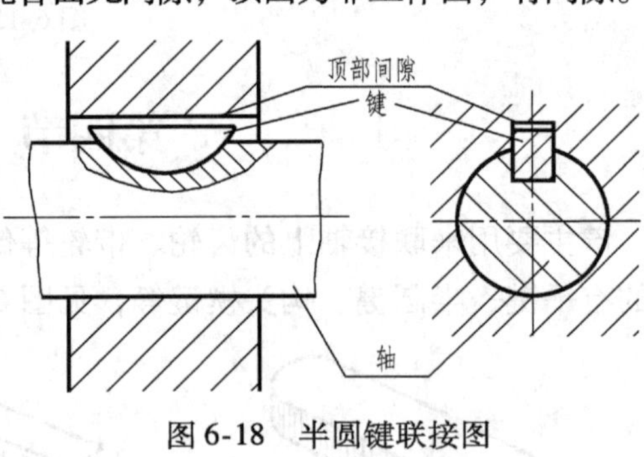

图 6-18　半圆键联接图

第五节　销　联　接

销是标准件，用于定位和联接。常用有圆柱销，圆锥销和开口销三种。销在联接图中，当剖切平面通过其轴线时，按不剖处理。销的形式和标记示例见表 6-6。

表 6-6　销的形式和标记示例

名称及标准	图　例	标 记 示 例
圆柱销 GB/T 119.1—2000	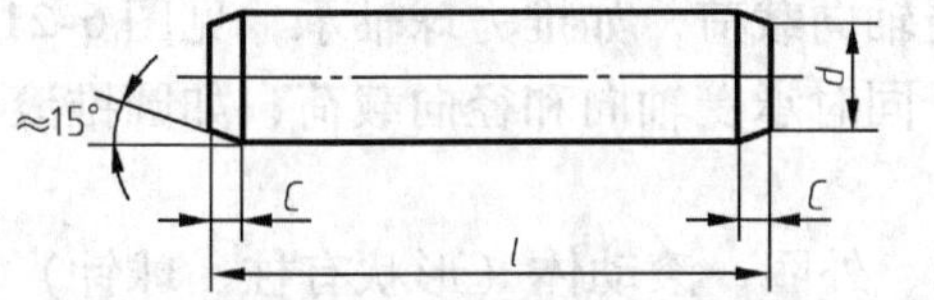	公称直径 $d=8$mm、公差为 m6、长度 $l=40$mm、材料为钢、不经表面处理的圆柱销： 销　GB/T 119.1　8 m6 ×40
圆锥销 GB/T 117—2000	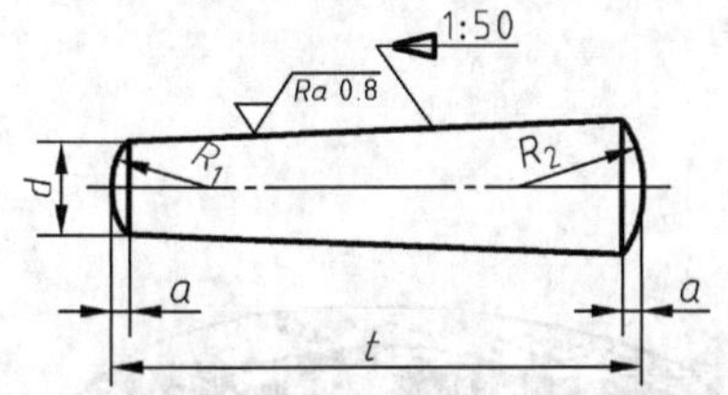	公称直径 $d=12$mm、长度 $l=70$mm、材料为 35 钢、热处理硬度 28～38HRC、表面氧化处理的 A 型圆锥销： 销　GB/T 117　12 ×70
开口销 GB/T 91—2000	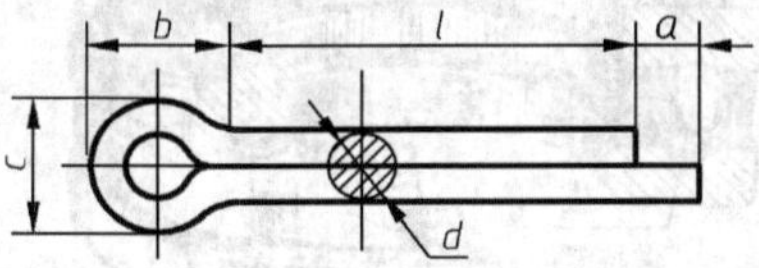	公称规格 $d=4$mm（指销孔直径）、长度 $l=40$mm、材料为低碳钢、不经表面处理的开口销： 销　GB/T 91　4 ×40

一、读圆柱销联接图

圆柱销用于零件的联接或定位，被联接的两零件上有圆柱孔，可用圆柱销将他们联接在一起，图 6-19 所示为圆柱销联接图。注意，画图时销孔与柱销为配合面，不能留间隙，这样，齿轮、轴通过圆柱销联接起来，若轴转动，即可通过圆柱销将力传给齿轮。

二、读圆锥销联接图

圆锥销联接是在两零件上作有圆锥孔，用圆锥销将它们联接在一起，见图 6-20。这样，图中件 1 和件 2 的相对位置就固定下来了，取出圆锥销，件 1 和件 2 即可分开。

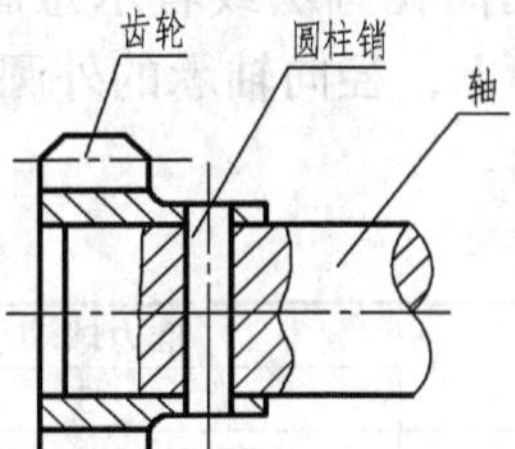

图 6-19　圆柱销联接图

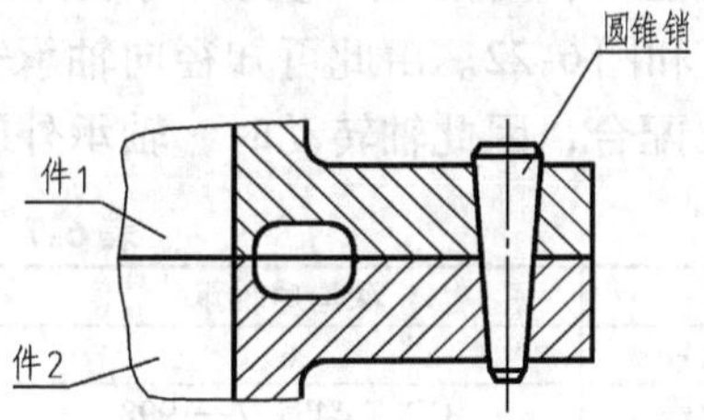

图 6-20　圆锥销联接图

第六节　滚 动 轴 承

一、作用、种类和结构

1. 作用

滚动轴承是支承转动轴的部件。

2. 种类

（1）径向轴承　适用于承受径向载荷，如深沟球轴承，见图 6-21a。

（2）推力轴承　用于承受轴向载荷，如推力球轴承，见图 6-21b。

（3）径向推力轴承　用于同时承受轴向和径向载荷，如圆锥滚子轴承，见图 6-21c。

3. 结构

滚动轴承一般由轴承内圈、外圈、滚动体（形状有柱、球针）、保持架和附件（如紧定套、偏心套、挡圈）组成。

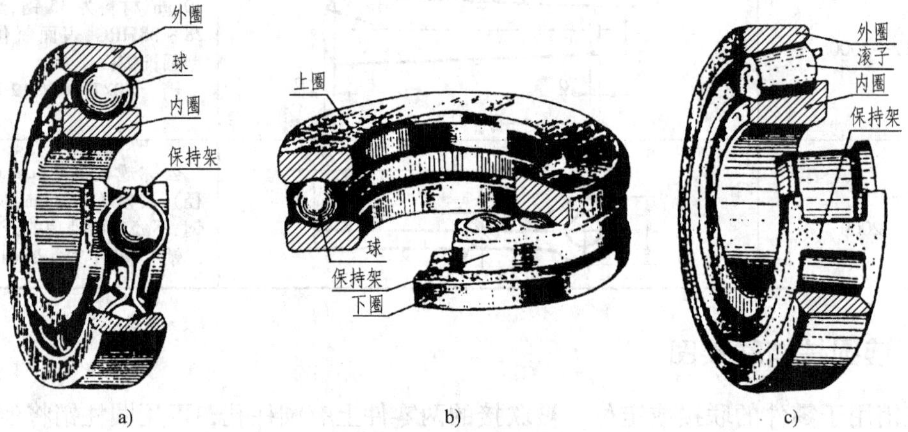

a)　b)　c)

图 6-21　滚动轴承

a）深沟球轴承　b）推力球轴承　c）圆锥滚子轴承

二、滚动轴承的画法与识读

国家标准规定了滚动轴承的规定画法和特征画法，见表 6-7。在装配图中，滚动轴承的轮廓按外径 D、内径 d、宽度 B 等实际尺寸绘制，其余部分用简化画法或者示意画法绘制，见表 6-7 和图 6-22。由此可知径向轴承安装在转轴右端的轴颈上，径向轴承的外圆与机壳上的轴承孔配合，因此轴转动时，轴承外圈和机壳是静止不动的。

表 6-7　常用滚动轴承的画法

名称	深沟球轴承	圆锥滚子轴承	推力球轴承
类型代号	6	3	5
标准代号	GB/T 4459.7—1998	GB/T 4459.7—1998	GB/T 4459.7—1998
规定画法	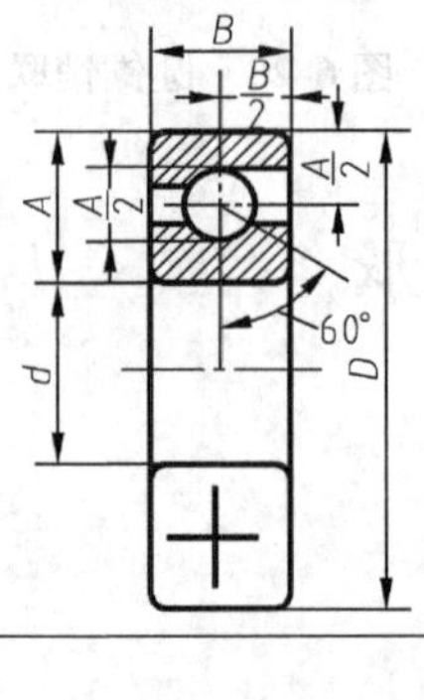	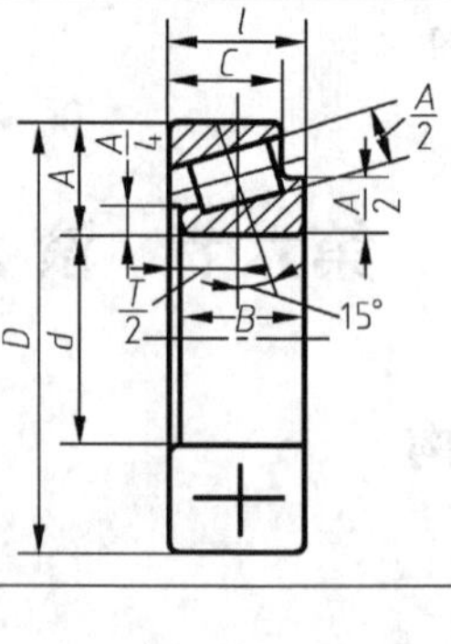	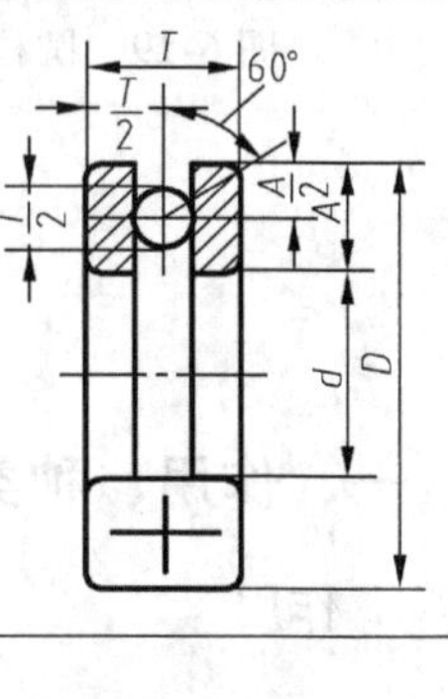

（续）

名称	深沟球轴承	圆锥滚子轴承	推力球轴承
特征画法	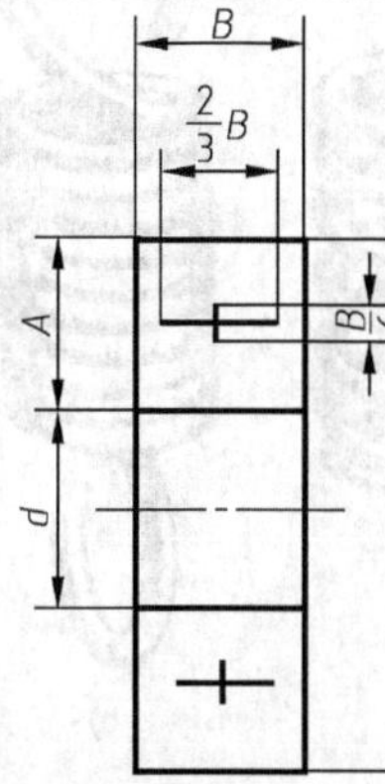	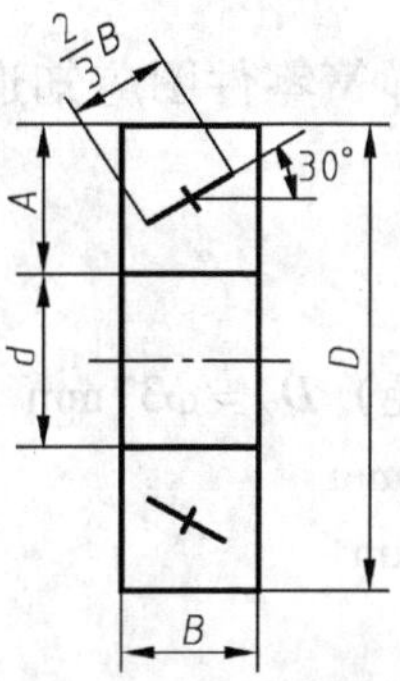	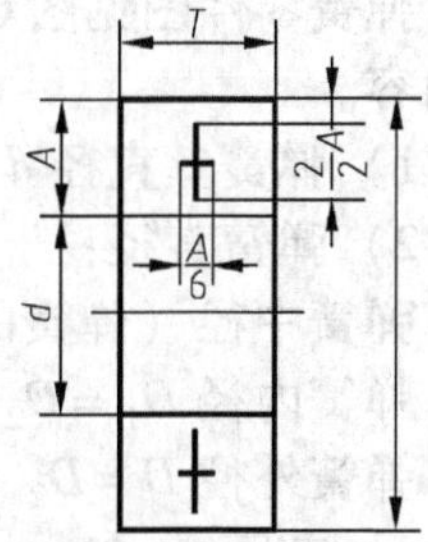

三、轴承代号标注的知识简介

在装配图的明细栏中，必须给出滚动轴承的代号。

轴承代号的标注形式及内容如下面的框格所示：

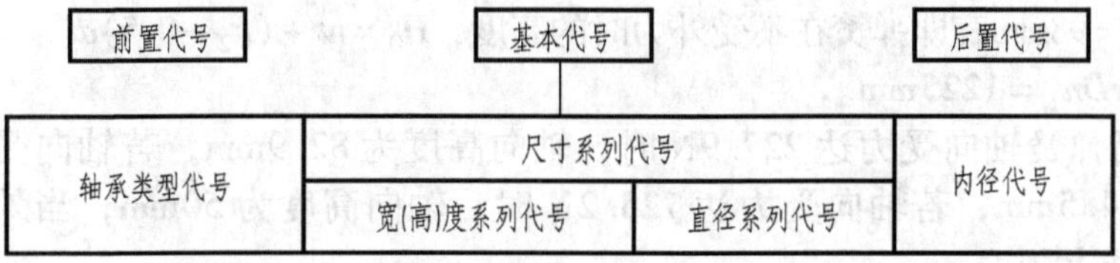

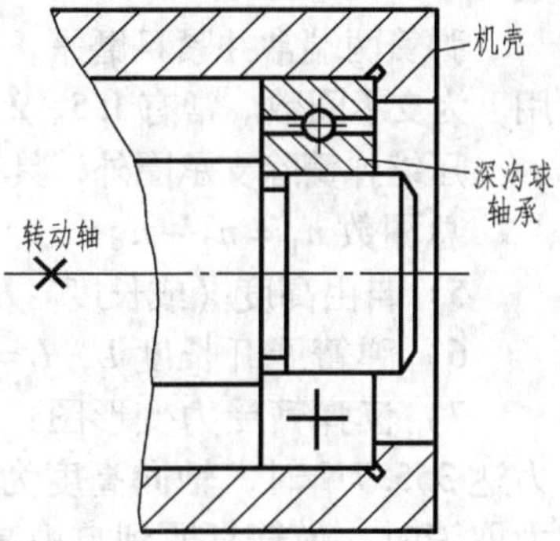

图 6-22　滚动轴承在装配图中的画法

一般情况下，只标基本代号；当轴承在结构形状、尺寸大小、公差等级等与标准有所不同时，才在基本代号的前、后添加前、后置代号。

例　基本代号举例

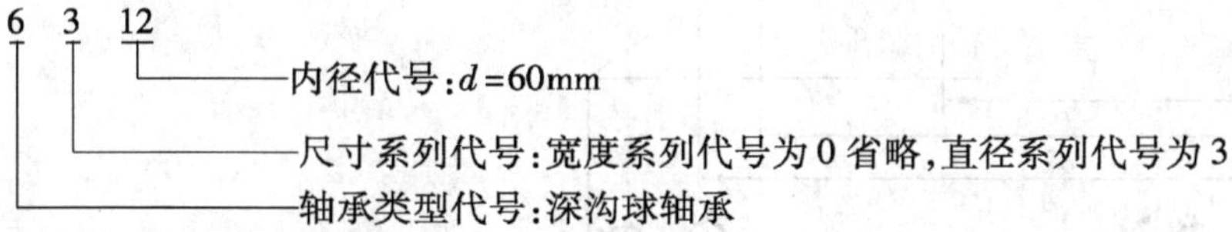

各种代号的具体规定，请查阅机械设计手册。

第七节　弹　　簧

一、用途、种类

1. 用途

弹簧主要用于减振、夹紧、测力、储存和输出能量。

2. 种类

弹簧是一种常用件，种类很多，主要有压缩弹簧、拉伸弹簧、扭转弹簧，这里只介绍圆柱螺旋弹簧，见图 6-23。

二、读圆柱螺旋压缩弹簧零件图

弹簧零件图见图 6-24。读弹簧零件图应知道下面内容。

1）弹簧丝直径 $d=\phi 5\text{mm}$。

2）弹簧直径：

弹簧中径（弹簧的规格直径）$D_2=\phi 37\text{mm}$

弹簧内径 $D_1=D_2-d=\phi 32\text{mm}$

弹簧外径 $D=D_2+d=\phi 42\text{mm}$

3）节距 $t=11\text{mm}$。

4）支承圈数 $n_2=2.5$，有效圈数 $n=8$，总圈数 $n_1=10.5$。

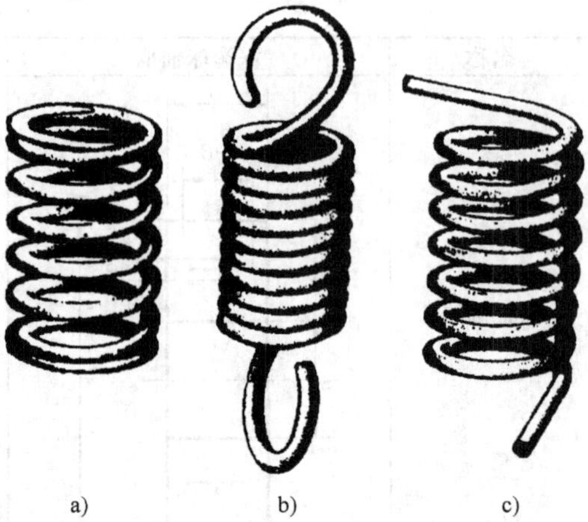

图 6-23　圆柱螺旋弹簧

a）压缩弹簧（Y 型）　b）拉伸弹簧（L 型）　c）扭转弹簧（N 型）

弹簧两端常并紧且磨平，这部分圈数仅起支承作用，为支承圈数。常有 1.5、2、2.5 圈。

压缩弹簧除支承圈外，具有相同节距的圈数为有效圈数。

总圈数 $n_1=n_2+n$。

5）自由高度（或长度）$H_0=98\text{mm}$，即弹簧在不受外力时的高度，$H_0=nt+(n_2-0.5)d$。

6）弹簧展开长度 L，$L=\pi Dn_1=1225\text{mm}$。

7）读弹簧受力变形图：当弹簧轴向受力达 227.9N 时，轴向高度为 82.9mm，若轴向受力达 355.7N 时，轴向高度为 74.5mm，若轴向受力达 725.2N 时，轴向高度为 50mm，当外力取消时，弹簧复原到自由高度尺寸。

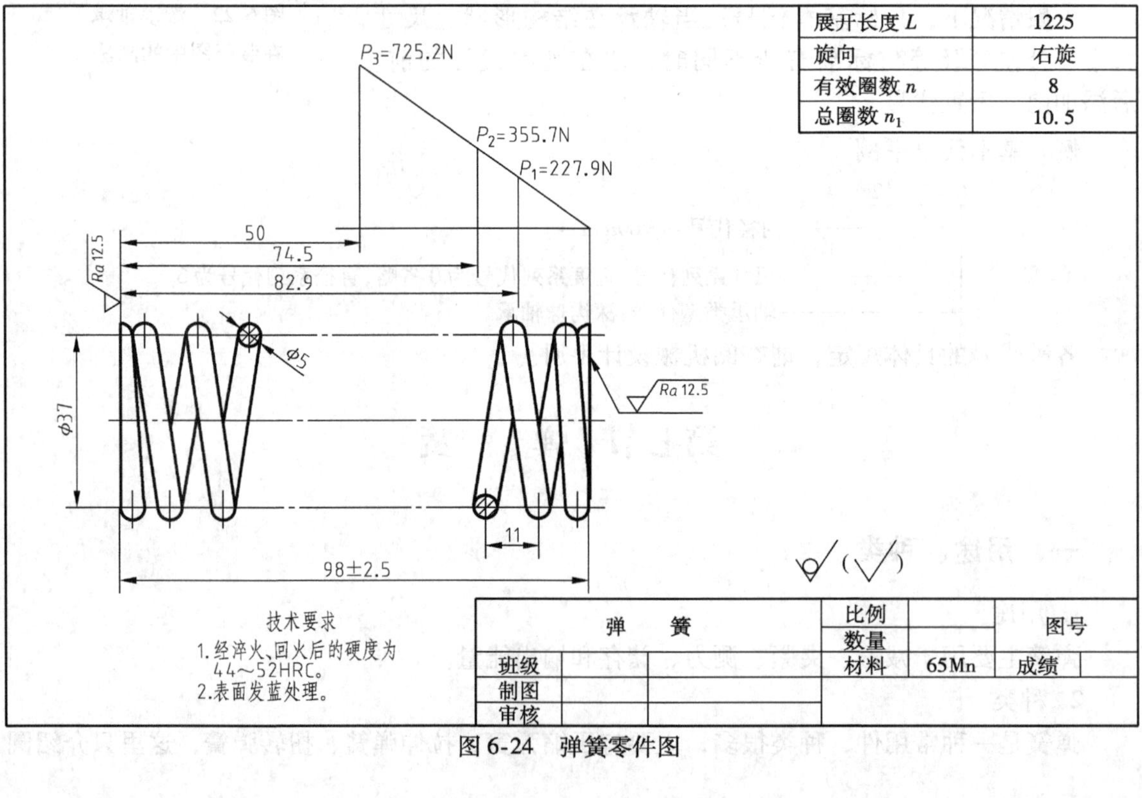

图 6-24　弹簧零件图

三、读装配图中的弹簧

在装配图中，被弹簧挡住的结构一般不画出，可见部分应从弹簧的外轮廓线或从弹簧钢丝剖面的中心线画起，见图 6-25。

当弹簧被剖切时，簧丝剖面的直径在图形上等于或小于 2mm 时，剖面可以涂黑表示，见图 6-26。在装配图中弹簧也可示意绘制，见图 6-27。

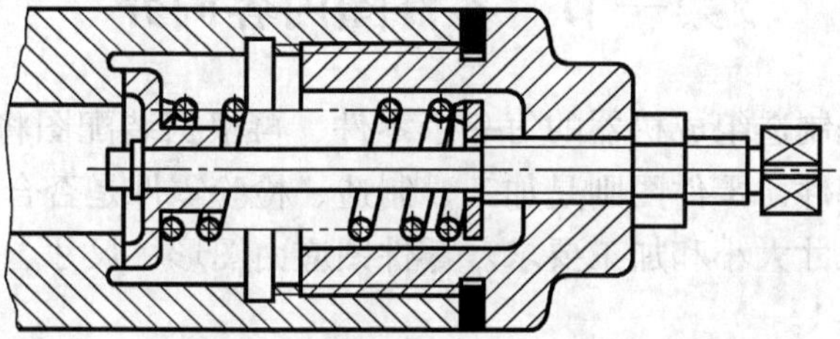

图 6-25　装配图中弹簧的画法

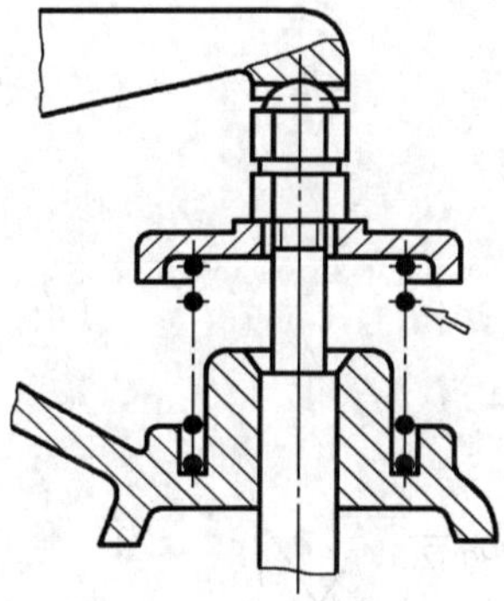

图 6-26　剖面涂黑画法

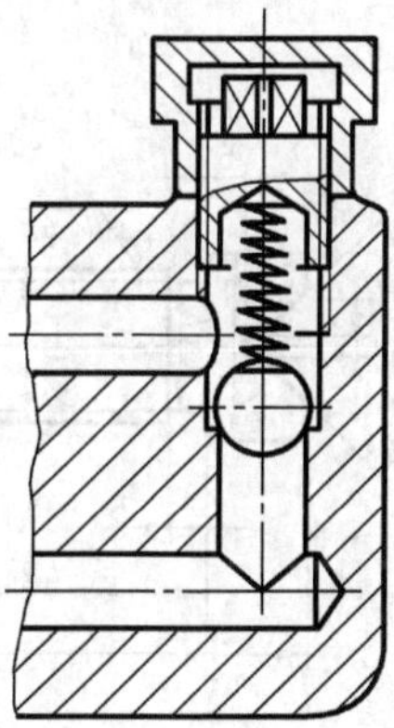

图 6-27　弹簧的示意画法

第七章　零　件　图

第一节　零件图内容简介

要制造机器就得先制造组成机器的每一个零件，再根据装配图将合格零件连同标准件、常用件组装成机器或部件，零件图则是加工、制造、检验零件是否合格的唯一依据，用来表达零件的结构形状、尺寸大小和加工要求。零件图应由图形、尺寸、技术要求、标题栏四大部分内容组成，见图7-1。

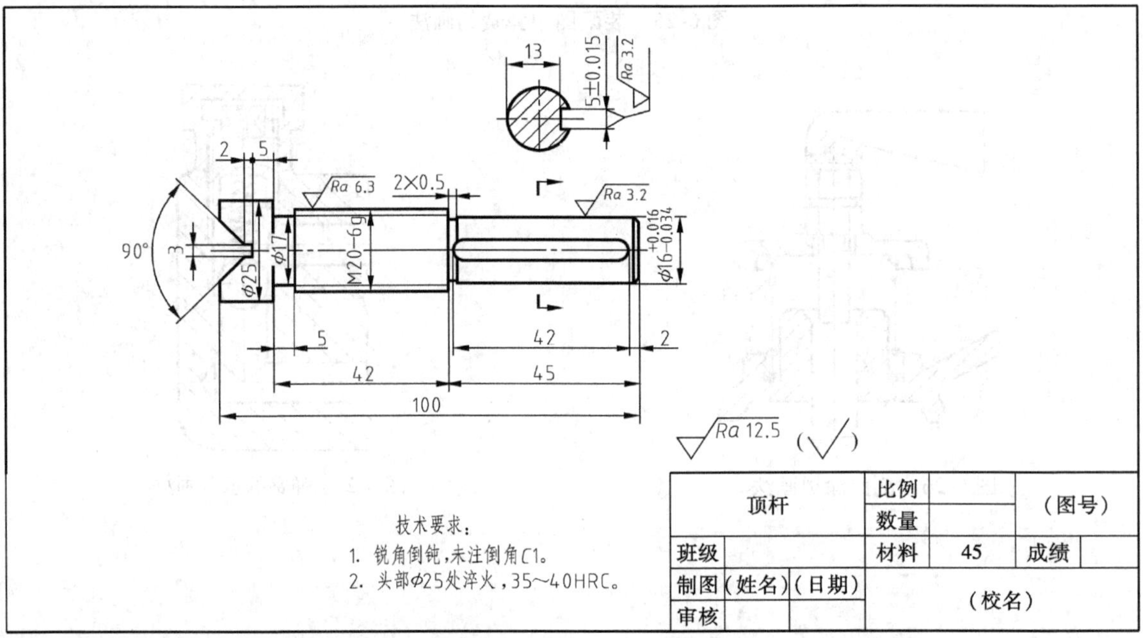

图7-1　顶杆零件图

一、零件的图形由表达方法构成

零件的内、外部形状结构特征是由表达方法来完成的，因此，零件图主视图的选择尤为重要，主视图应根据零件的结构形状、加工方法和工作位置来确定。主视图确定后，该零件还需要哪些表达方法（含视图、剖视图、断面图等）要看零件的结构复杂程度，在完整、清晰表达零件的形体特征前提下，表达方法力求越少越好见图7-1、图7-4、图7-5。

二、零件的尺寸大小由零件图中所标注的尺寸数字决定

零件图的尺寸标注原则是：

1）方便加工和测量。

2）方便看图，零件上的重要尺寸应直接标注，长、宽、高三个方向的尺寸基准选择应合理，一般选择零件的轴线、底面、对称面作为该方向的尺寸基准。零件图的尺寸包含定形、定位尺寸和总体尺寸，见图7-2。

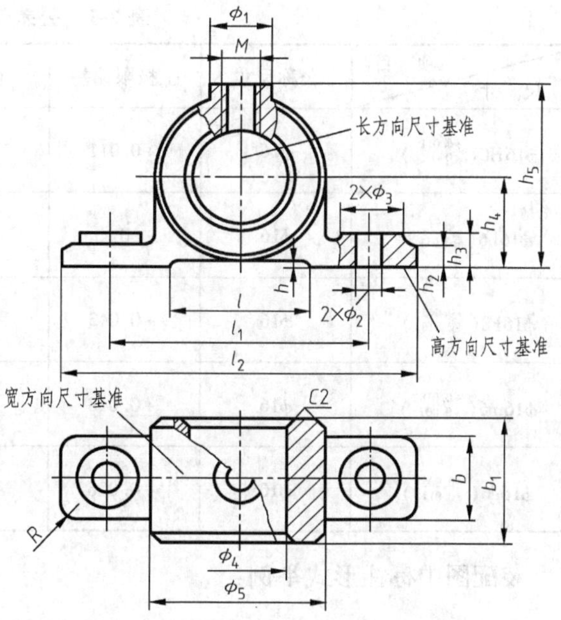

图7-2　零件的尺寸标注和基准选择

三、零件图的技术要求

零件图上除应有完整的表达方案和足够的尺寸外，还应有加工制造零件必需的尺寸精度、表面粗糙度、几何公差、热处理及其检验、测试等方面的要求，否则，加工制造的零件不可能为合格品。国家标准规定，这些技术要求常用规定的符号、代号或有关文字条目表示。

1. 尺寸极限与配合在图样上的标注与识读

图7-1所示为顶杆零件图，图中尺寸如 $\phi16\ ^{+0.016}_{-0.034}$ 还可以注写为 $\phi16f7$ 或 $\phi16f7\ (^{-0.016}_{-0.043})$ 两种形式，其含义为：

$\phi16\quad f7\quad (^{-0.016}_{-0.034})$

- $(^{-0.016}_{-0.034})$ ——极限偏差，它包括上极限偏差(−0.016)和下极限偏差(−0.034)
- f7 ——公差带代号，其中f表示轴的基本偏差代号，7表示标准公差等级
- $\phi16$ ——轴的公称尺寸

该轴加工后的允许上极限尺寸为：$\phi(16-0.16)$mm $=\phi15.984$mm，允许下极限尺寸为：$\phi(16-0.034)$mm $=\phi15.966$mm，上极限尺寸减下极限尺寸（或上极限偏差减下极限偏差）之差的绝对值称为尺寸公差，简称公差。例如，“$\phi16\ ^{-0.016}_{-0.034}$”的公差为：$[-0.16-(-0.034)]$mm $=0.018$mm。公差制约了被加工零件的实际尺寸允许变动的范围，若经检测，该处的实际尺寸超出规定允许的变动范围，则视为不合格。偏差可以为正、为负、为零，而公差只能为正，公差越小，精度越高，加工难度越大，反之则低。

下面举例说明公差值的计算，见表7-1。

公称尺寸相同的孔和轴或槽和块相互结合称配合。国家标准规定配合可分间隙配合、过盈配合和过渡配合三类。配合制度有基孔制和基轴制两种。用H来表示基孔制的基准孔，h表示基轴制的基准轴的基本偏差代号，孔和轴各有28个基本偏差代号：孔由A、B、C、CD、D、E、EF、F、FG、G、H、J、JS、K、M、N、P、R、S、T、U、V、X、Y、Z、ZA、ZB、ZC组成，轴由对应的小写拉丁字母a、b、c、…、za、zb、zc组成。这28个字母顺序反映了孔与轴（含槽与块）的配合按其前后顺序由松到紧的性质。国家标准规定，标准公差等级共分20级，由IT01、IT0、IT1、IT2、…、IT18组成，其中，IT01精度等级最高，依次降低，IT18精度最低。

表 7-1　公差值计算举例　（单位：mm）

项目 尺寸	公称尺寸	上极限偏差	下极限偏差	上极限尺寸	下极限尺寸	尺寸公差
$\phi16H6(^{+0.011}_{0})$	$\phi16$	+0.011	0	$\phi16.011$	$\phi16$	0.011
$\phi16h6(^{0}_{-0.011})$	$\phi16$	0	−0.011	$\phi16$	$\phi15.989$	0.011
$\phi16F8(^{+0.043}_{+0.016})$	$\phi16$	+0.043	+0.016	$\phi16.043$	$\phi16.016$	0.027
$\phi16m6(^{+0.018}_{+0.007})$	$\phi16$	+0.018	+0.007	$\phi16.018$	$\phi16.007$	0.011
$\phi16g6(^{-0.006}_{-0.017})$	$\phi16$	−0.006	−0.017	$\phi15.994$	$\phi15.983$	0.011

装配图中标注形式举例：

在孔、轴配合的公称尺寸后注出孔与轴配合的公差带代号，例如 $\phi30\dfrac{H8}{f7}$ 或 $\phi30H8/f7$，或者在孔、轴配合的公称尺寸后注出孔与轴的极限偏差值，例如 $\phi30^{+0.033}_{0}/^{-0.020}_{-0.041}$。

还可以在孔、轴配合公称尺寸后，将公差带代号与极限偏差值同时注写在基本尺寸后面，例如 $\phi30H8(^{+0.033}_{0})/f7(^{-0.020}_{-0.041})$。

配合在图样上的识读举例见表 7-2。

表 7-2　配合在图样上的识读举例

项目 尺寸	配合的公称尺寸	孔的极限偏差	轴的极限偏差	孔与轴公差	配合制度与类别
$\phi20H7/g6$	$\phi20$	上　+0.021 下　0	上　−0.007 下　−0.020	孔:0.021 轴:0.013	基孔制间隙配合
$\phi20H7/k6$	$\phi20$	上　+0.021 下　0	上　+0.015 下　+0.002	孔:0.021 轴:0.013	基孔制过渡配合
$\phi20H7/s6$	$\phi20$	上　+0.021 下　0	上　+0.048 下　+0.035	孔:0.021 轴:0.013	基孔制过盈配合
$\phi40G7/h6$	$\phi40$	上　+0.034 下　+0.009	上　0 下　−0.016	孔:0.025 轴:0.016	基轴制间隙配合
$\phi40K7/h6$	$\phi40$	上　+0.007 下　−0.018	上　0 下　−0.016	孔:0.025 轴:0.016	基轴制过渡配合
$\phi40P7/h6$	$\phi40$	上　−0.017 下　−0.042	上　0 下　−0.016	孔:0.025 轴:0.016	基轴制过盈配合

2. 几何公差在图样上的标注与识读

零件的几何公差（包括形状公差和位置公差，旧称形位公差）与零件的尺寸公差一样，直接影响到机器的使用性能。国家标准规定了几何公差项目名称及相应的符号，见表 7-3。

表 7-3　几何公差项目名称和符号

分类	名　称	符　号
形状公差	直线度	—
形状公差	平面度	⏥
形状公差	圆度	○
形状公差	圆柱度	⌭
形状或位置公差	线轮廓度	⌒
形状或位置公差	面轮廓度	⌓

分类		名　称	符　号
位置公差	定向	平行度	//
位置公差	定向	垂直度	⊥
位置公差	定向	倾斜度	∠
位置公差	定位	同轴度	◎
位置公差	定位	对称度	⌯
位置公差	定位	位置度	⌖
位置公差	跳动	圆跳动	↗
位置公差	跳动	全跳动	⌰

一般情况下，用框格代号的形式标注几何公差，见图 7-3。公差框格按水平方向从左到右由两格或多格组成。国家标准规定：第一格填写几何公差的特征项目符号，第二格填写几何公差的线性值及有关附加符号，第三格及以后各格均填写位置公差基准要素的代号。标注时，用带箭头的指引线将公差框格与被测要素相连。图 7-3 中，三项几何公差含义为：$\phi16_{-0.034}^{-0.016}$mm 圆柱体的圆柱度公差为 0.005mm；M8 ×1 –6H 螺纹孔轴线对 $\phi16_{-0.034}^{-0.016}$mm 轴线的同轴度公差为 $\phi0.1$mm；*SR*75mm 球面对 $\phi16_{-0.034}^{-0.016}$mm 轴线的圆跳动公差为 0.03mm。

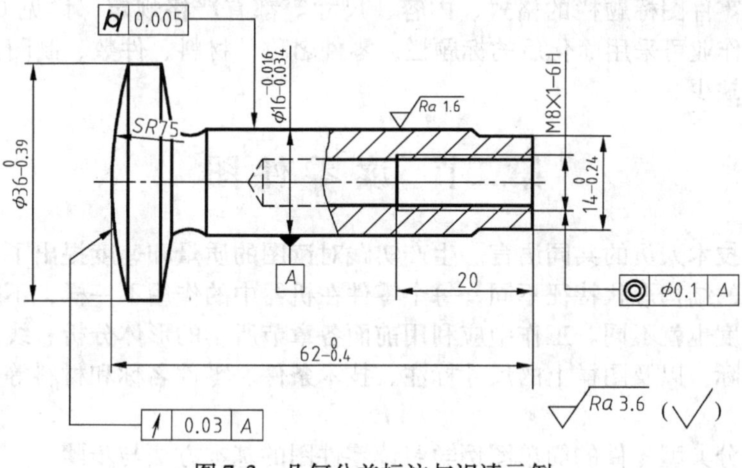

图 7-3　几何公差标注与识读示例

3. 图样上表面粗糙度符号、代号的识读

用来表示零件表面粗糙度的符号见表 7-4。

国家标准规定，表面粗糙度参数从 *Ra*（轮廓算数平均偏差）、*Rz*（轮廓最大高度两参数中选取，在常用参数范围内推荐优先选用 *Ra*。请注意：表面粗糙度代号中用数值表示时，单位为微米（μm），该数值越小表面越光滑，反之，表面越粗糙。

图样中表面粗糙度代号的识读，见表 7-5。

表 7-4　表面粗糙度的符号

符　号	意义及说明	符　号	意义及说明
√	基本符号，表示表面可用任何方法获得		表示表面不用去除材料方法获得。例如：铸、锻、冲压、热轧、冷轧、粉末冶金等
	表示表面是用去除材料方法获得，如车、铣、钻、镗、钳、磨等		

表 7-5　表面粗糙度代号的识读

代　号	意　义	代　号	意　义
Ra 3.2	任何方法获得的表面，*Ra* 的上限值为 3.2μm	Ra 3.2 Ra 1.6	用去除材料方法获得的表面，*Ra* 的上限值为 3.2μm，下限值为 1.6μm
Ra 3.2	用不去除材料方法获得的表面，*Ra* 的上限值为 3.2μm	车 Rz 3.2	用车削的方法得到轮廓最大高度为 3.2μm 的表面
Ra 3.2	用去除材料方法获得的表面 *Ra* 的上限值为 3.2μm	Rz max 0.2	表面去除材料，轮廓最大高度为 0.2μm，评定长度为 5 个取样长度，最大规则

有关图样上标注的表面粗糙度符号、代号的识读举例在本章第二节中作进一步介绍。

图 7-1 所示的顶杆零件图中技术要求的第二条“头部 ϕ25 处淬火，35～40HRC”是对该零件加工中提出的一项热处理要求，某些零件还有可能提出表面处理（如发蓝、抛光）、检验、试验等技术要求条文。

四、零件图的标题栏

国家标准对零件图标题栏的格式、内容、尺寸等都有严格规定，详见 GB/T 10609.1—2008。学生制图作业可采用简化后的标题栏，零件名称、材料、件数、制图比例、制图签名等重要内容不能缺少。

第二节　读零件图

图样是工程技术人员的共同语言。生产实践对读图的质量和速度提出了严格要求。由于机器中各类零件的结构形状特征不同，每个零件在机器中的作用不一样，不同结构零件的零件图读图难易程度也就不同。工作中应利用前面各章节所学的形体分析、线面分析等基础知识，结合生产实际，以及图样上的尺寸标注、技术条件、零件名称和材料等，综合分析、判断读懂零件图。

下面选择部分典型零件的简单图例学习读零件图的基本方法与步骤。

一、读简单轴套类零件图

图 7-4 所示为轴套类零件图，它的表达方法很简单，其主视图是单一剖切面的全剖视，形体特征为圆筒，并在圆筒一侧钻了一个 ϕ4mm 的小圆孔。圆筒的外形尺寸：外圆直径为 $\phi 35^{+0.033}_{+0.017}$ mm，内圆直径为 $\phi 24^{+0.021}_{0}$ mm，圆筒长 $40^{0}_{-0.025}$ mm，在圆筒的内、外圆左、右端均倒角 *C*0.5，便于零件的装、拆。小圆孔的定形尺寸 ϕ4mm，定位尺寸 14mm。该轴套的极限配合尺寸有：ϕ35mm 的尺寸公差为 0.016mm，ϕ24mm 的尺寸公差为 0.021mm；圆筒长度

的实际尺寸允许变动的范围是 39.75～40mm。该轴套零件图中的位置公差框格含义是：$35^{+0.033}_{+0.017}$ mm 的中心线对 $\phi24^{+0.021}_{0}$ mm 孔的中心线的同轴度公差为 $\phi0.04$mm。该零件 $\phi24^{+0.021}_{0}$ m 孔是用去除材料方法（车削）获得的表面，*Ra* 的上限值为 3.2μm；$\phi35^{+0.033}_{+0.017}$ mm外圆柱面也是用去除材料方法获得的表面（车削），*Ra* 的上限值为 6.3μm；除此之外的各表面仍用去除材料方法获得，*Ra* 的上限值为 25μm。该轴套零件图中，还有两条技术要求在加工轴套零件时必须给予保证。该轴套零件材料牌号为 HT200，材料名称为灰铸铁，“200”表示灰铸铁的抗拉强度（单位为 MPa）。到此，该轴套零件图的读图任务基本完成。

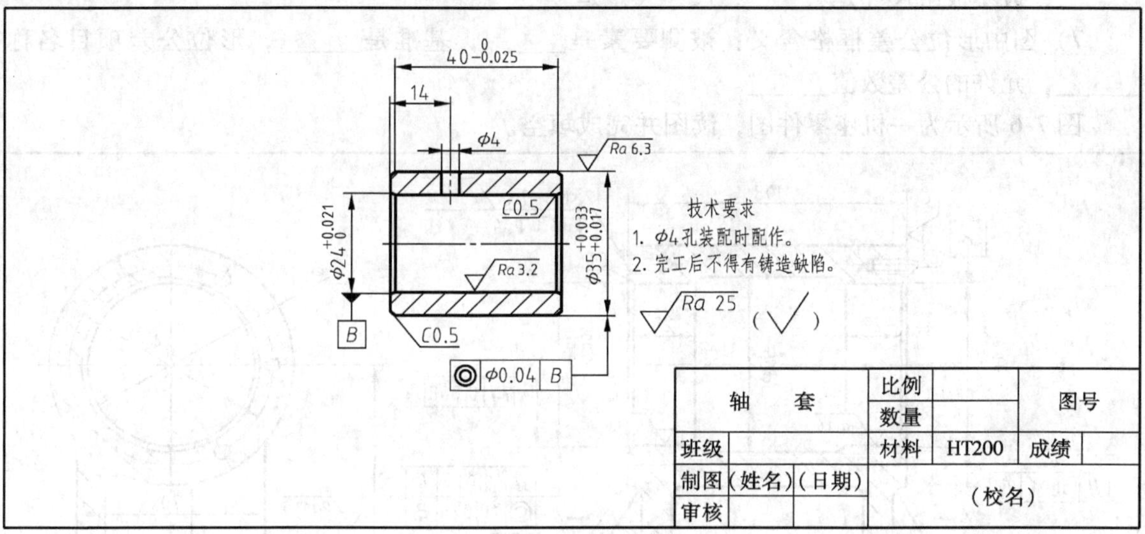

图 7-4　轴套零件图

二、读零件图举例

图 7-5 所示为一端盖零件图，参照读轴套零件图作法采用填空的方式读图。

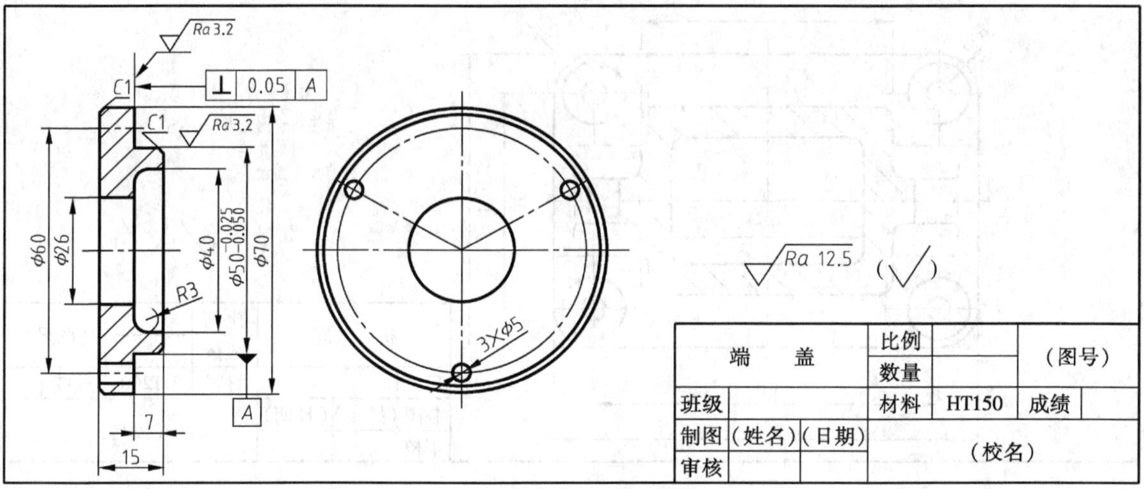

图 7-5　端盖零件图

1. 读端盖零件图填空回答问题

1）端盖所用材料名称是______。

2）端盖的表达方案由______、______图组成，其主视图是单一剖切平面剖切的______视图。

3）3 × ϕ5mm 的定位尺寸是______。

4）定出端盖的总体尺寸是______和______。

5）ϕ26mm 孔圆柱面的表面粗糙代号是______，$\phi 50^{-0.025}_{-0.050}$ mm 圆柱面的表面粗糙度代号是____。

6）$\phi 50^{-0.025}_{-0.050}$ mm 尺寸的上极限偏差是______，下极限偏差是______，最大极限尺寸是______，最小极限尺寸是______，尺寸公差是______。

7）图中形位公差框格含义：被测要素是______，基准是______，形位公差项目名称______，允许的公差数值______。

图 7-6 所示为一机座零件图，读图并完成填空。

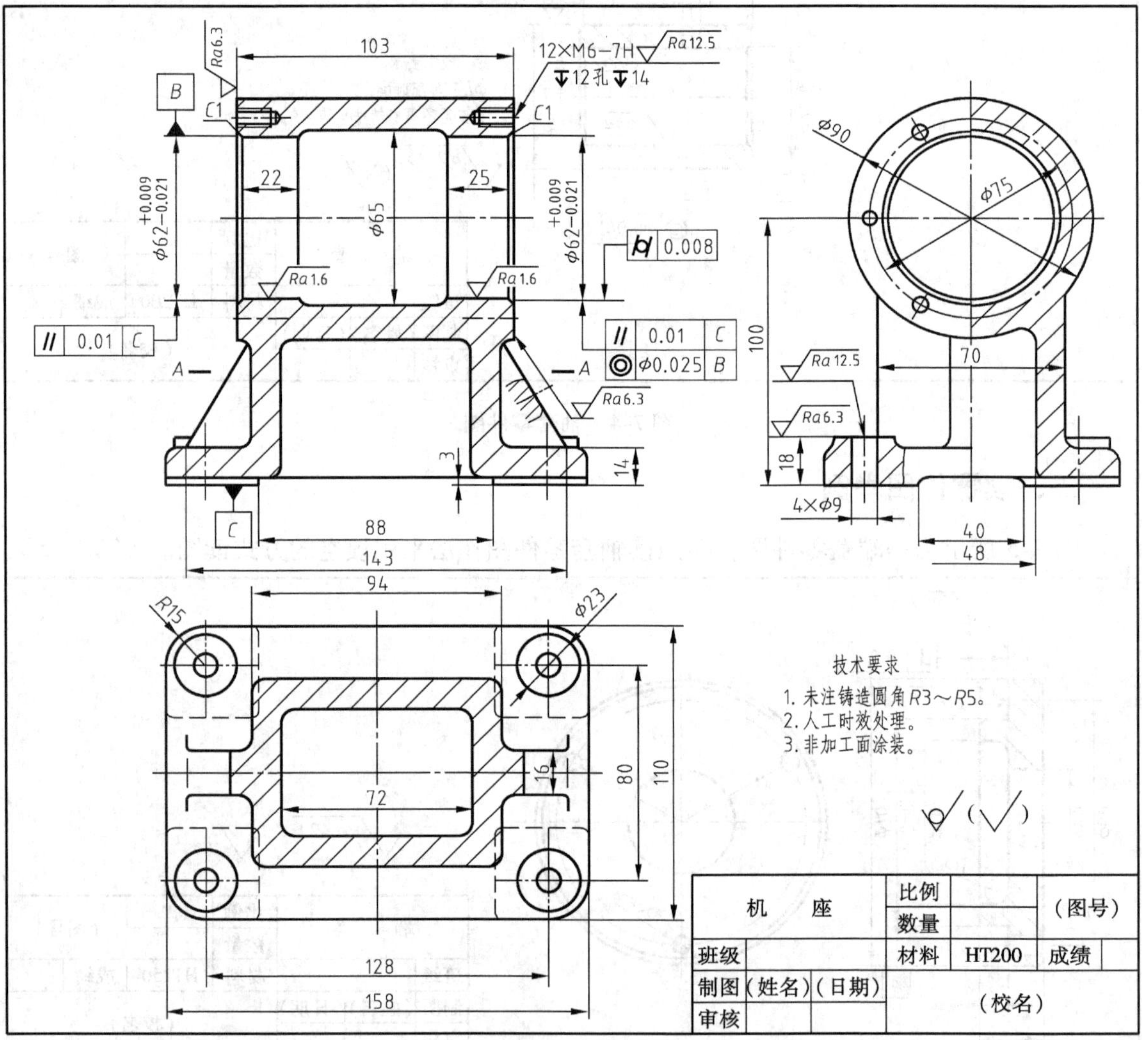

图 7-6　机座零件图

2. 读传动器机座零件图填空回答问题

1）机座共采用了____个视图，其中主视图采用了______和______，俯视图是单一剖切面的____视图，左视图采用了______和________。

2）图中 80mm、100mm 和 128mm 是______尺寸，机座的总体尺寸是_____________。

3）图中__________表面粗糙度数值最小，为______。

4）机座有______个 M6 的螺纹孔，其中 M 表示__________，6 表示____________，螺距为______，7H 表示__________。

5）$\phi62\,^{+0.009}_{-0.021}$ mm 的最大极限尺寸为____________，最小极限尺寸为____________，上极限偏差为____________，下极限偏差为____________，基本偏差为____________，标准公差为____________，基本偏差代号为____________，公差等级为__________。

6）图中四个形位公差的含义为：____。

端盖零件图参考答案：

1）灰铸铁。2）主视、左视图，全剖视图。3）$\phi60$mm。4）15mm 和 $\phi70$mm。5）$\sqrt{Ra\,12.5}$、$\sqrt{Ra\,3.2}$。6）-0.025mm，-0.050mm，$\phi49.975$mm，$\phi49.950$mm，0.025mm。7）指引线箭头所指端面，$\phi50\,^{-0.025}_{-0.050}$mm 的轴线，垂直度，0.05mm。

机座零件图参考答案：

1）3，全剖视图，重合断面，全剖，半剖视图，局部剖视图。2）定位尺寸，158mm × 110mm × 145mm。3）$\phi62\,^{+0.009}_{-0.021}$ mm 孔，1.6μm。4）12，普通粗牙螺纹，公称直径，1mm，中径顶径公差带代号。5）$\phi62.009$mm，$\phi61.979$mm，$+0.009$mm，-0.021mm，$+0.009$mm，0.030mm，K，7。6）机座左右两个 $\phi62\,^{+0.009}_{-0.021}$ mm 孔的轴线对机座底面的平行度公差为 0.01mm，机座右侧 $\phi62\,^{+0.009}_{-0.021}$ mm 孔的轴线对机座左侧 $\phi62\,^{+0.009}_{-0.021}$mm 孔轴线的同轴度公差为 0.01mm，机座右侧 $\phi62\,^{+0.009}_{-0.021}$mm 孔的圆柱度公差为 0.008mm。

第八章 装 配 图

第一节 概 述

装配图是用来表达机器或部件的结构、装配关系和工作原理的图样，在制造机器过程中，装配图是指导装配、检验，以及维修机器的重要依据。一张完整的装配图应包括以下五个内容，见图 8-1。

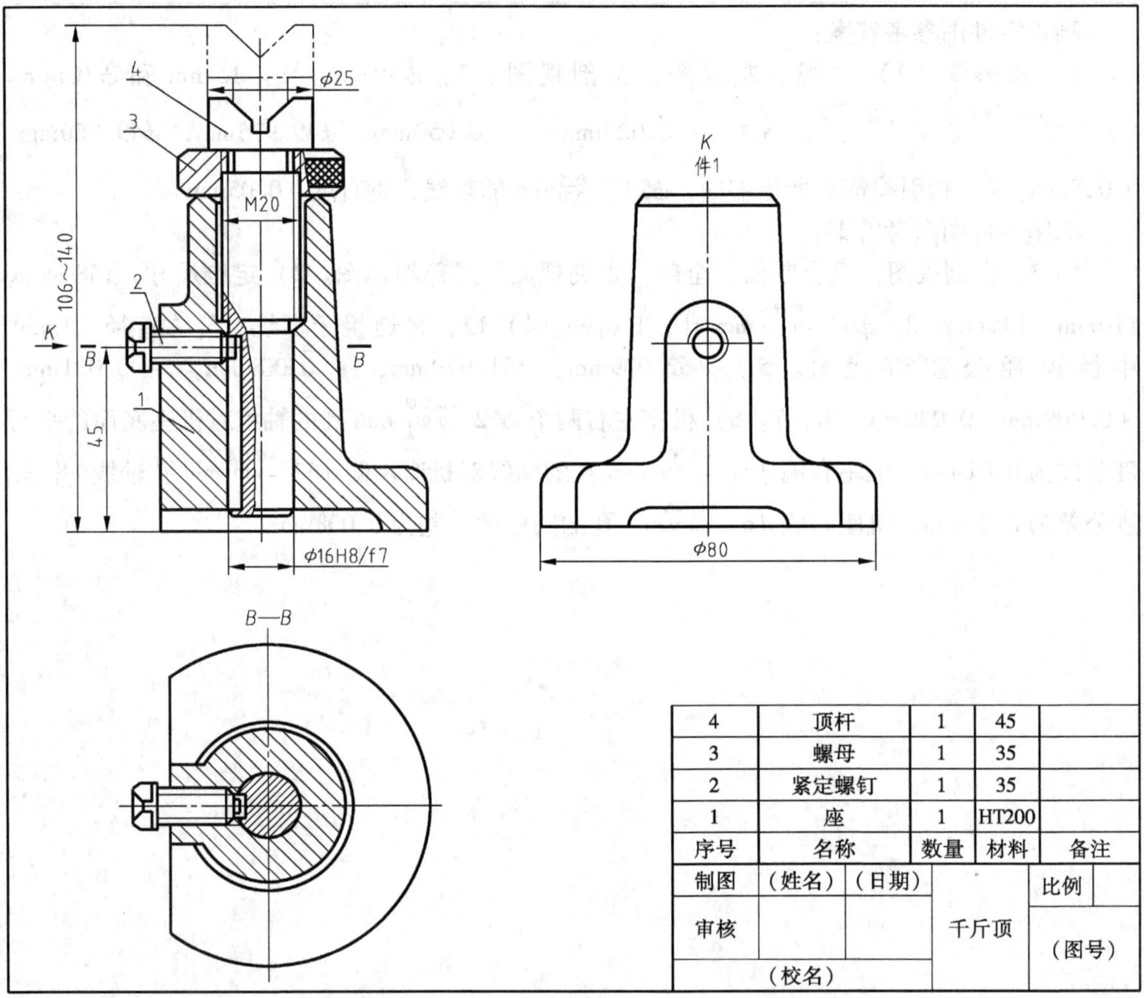

4	顶杆	1	45	
3	螺母	1	35	
2	紧定螺钉	1	35	
1	座	1	HT200	
序号	名称	数量	材料	备注
制图	（姓名）	（日期）	千斤顶	比例
审核				（图号）
（校名）				

图 8-1 千斤顶

一、装配图图形及表达方法

图形及表达方法用来表达机器或部件的结构特征，各零件的相互位置关系，连接方式和配合性质。通过分析即可了解到机器的工作原理、传动路线、拆装顺序和使用性能等。图8-1所示的千斤顶的表达方案是由主视图、俯视图、*K*向局部视图三个视图组成，其中主、俯视图为单一剖切面的全剖视图。

二、装配图中必需的尺寸

装配图中，只需给装配体标注性能规格尺寸，以及装配、检验、安装时所必需的尺寸。

1. 性能、规格尺寸

表示机器或部件的规格大小或工作性能的尺寸，它是设计、了解和选用机器或部件的重要依据，见图8-1中的尺寸“106～140”。

2. 装配尺寸

表示机器或部件上，各零件间的装配位置关系的尺寸，它包括零件间的配合尺寸和相对位置尺寸，见图8-1中的“ϕ16H8/f7”、“M20”等。

3. 安装尺寸

表示机器或部件安装时所需的尺寸，图8-1中零件1座的底圆尺寸“ϕ80”。

4. 外形尺寸

表示机器或部件的长、宽、高的总体尺寸，供安装、包装、运输时使用，见图8-1中的尺寸“106”和“ϕ80”。

5. 其他重要尺寸

其他重要尺寸还有运动件的极限位置尺寸、重要的定位尺寸等，见图8-1中尺寸“106～140”。

以上各类尺寸，并非每张装配图都要标注齐全，而是按实际需要选择标注，同一个尺寸有时还具有多方面的作用。

三、技术要求

在装配图上，技术要求部分用文字或符号、代号说明装配体在制造、验收、试验、涂饰、润滑、停放、包装、运输、安装和使用等方面的要求和注意事项。技术要求的文字条目一般书写在明细栏的上方或图样下方的空白处。

四、标题栏

国家标准规定，标题栏由更改区、签字区、其他区、名称及代号区组成，但也可根据实际需要增加或减少某些内容。

五、明细栏

在装配图中，一般还有明细栏。明细栏一般配置在标题栏的上方，按照由下而上的顺序填写，若位置不够，还可紧靠标题栏的左侧自下而上延续。明细栏的内容有序号、代号、名称、数量、材料、重量（单件、总计）和备注等。

第二节　装配图表达方法简介

前面学过的表达方法，画装配图时均可选用。根据装配图的特点还可选用规定画法和特殊表达方法。

一、规定画法

1）相邻两零件的配合面只画一条线。如果两零件的基本尺寸不同，接触面处的间隙尽管很小也不能画一条线，必须画两条线，见图 8-1 中顶杆的尺寸 M20-6g 与座孔间的画法。图 8-2 中也有类似画法。

2）装配图中某一零件在各视图中剖面线的方向、倾斜角度、剖面线的间隔距离均应一致。不同零件相邻处的剖面线画法应有明显区别，或倾斜方向相反或剖面线间间隔距离不等，见图 8-1 和图 8-2。

3）对于装配图中的实心件（如杆、球、销等）、紧固件，若剖切平面通过轴线或对称平面，则这些零件均按不剖绘制，见图 8-1 和图 8-2。

二、装配图的特殊表达方法

1. 拆卸画法

装配图中常有零件相互重叠情况出现，遮住了需要表达的结构形状或装配关系，此时可假想将遮住的零件拆去再画图形，使被遮零件的形状特征或装配关系表达清楚。

2. 假想画法

装配图中，当需要表示某零件的运动范围和极限位置时，或当需要表达本部件与相邻部件的装配连接关系时，均可采用双点画线画出该零件的极限位置或轮廓图，见图 8-1 和图 8-2。

3. 夸大画法

装配图中对于厚度或直径小于 2mm 的薄片、小孔、小间隙、小锥度等可以不按规定比例而夸大画出。

4. 展开画法

装配图中，为了表达机器的传动路线和装配关系，可以假想沿传动路线，将各零件依顺序剖切后展开在同一平面内。

三、装配图的简化画法

1）装配图上若干个相同的零件组，如螺栓、螺钉联接等，允许只详细地画出一组或几组，其余只要画出中心线位置。

2）零件的某些工艺结构，如圆角、倒角、退刀槽等允许不画。螺栓头部和螺母允许按简化画法画出。

3）对于滚动轴承、密封圈、油封等，可仅画出对称图形的一半，另一半按外轮廓画出。

4）装配图中，可用粗实线表示带传动的带，用细点画线表示链传动的链。

装配图的简化画法见图 8-2。

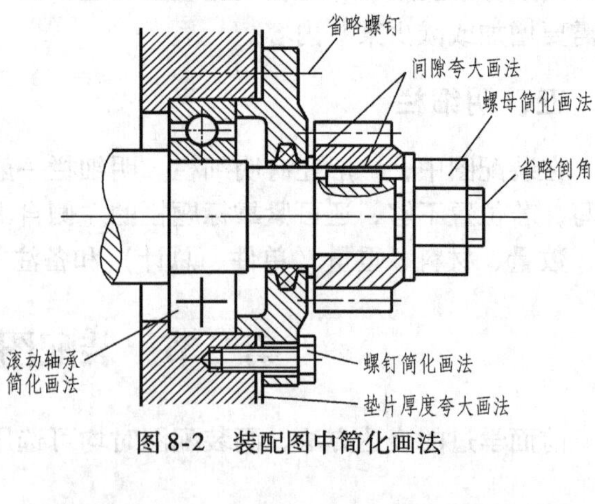

图 8-2　装配图中简化画法

第三节 读装配图

一、读装配图的要求

读装配图，除了对读图质量有严格要求外，还要在后继课程的学习和工作实践中反复进行读图训练，逐步提高自己的读图速度，这样，才能较好地提高读图能力，以适应市场的需要。

二、读装配图的一般方法与步骤

1. 了解装配图的大概情况

先看标题栏和有关使用说明，了解装配体的名称、用途及使用场合等规定；对照明细栏的零件序号看装配图，了解组成该装配体各零件的名称、用途、材料、件数等概况；对照明细栏零件名称在装配图中找出全部零件（含标准件和常用件）的装配位置、作用和数量。

2. 弄懂装配体的装、拆顺序

看表达方法，综合分析装配体和零件间的连接关系、定位方式；弄清运动件的运动方式和运动范围，这样，装配体的传动路线和工作原理、拆卸和装配的先后顺序就基本明确了。

三、读装配图举例

图 8-1 所示为千斤顶装配图，从其名称即可知道千斤顶在工程上作支顶重物用，对照明细栏又知道千斤顶的零件共有 4 个，件 1 座，件 4 顶杆旋入件 3 螺母，件 2 紧定螺钉旋入座的螺孔后，可限制顶杆在座孔内旋转，当转动件 3 螺母时，顶杆只能沿其中心线方向作上、下直线运动，达到千斤顶支顶重物的目的。千斤顶的装、拆顺序较简单，安装时，先将件 3 旋入件 4，再将件 4 从件 1 上方装入 ϕ16H8 孔内，此时应注意顶杆上的键槽口必须与座上的紧定螺钉孔对正，最后，旋入件 2 紧定螺钉即成。拆卸时，按“先装后拆，后装先拆”的原则进行，即装的逆过程为拆卸顺序。

1. 读钻模套装配图（图 8-3）并回答问题：

1）钻模由____种共____个零件组成，其中标准件有____种。

2）该钻模用了____个图形表达，其中主视图采用了______和______，左视图采用了________。

3）件 2 钻模板上有____个 $\phi 10\ \frac{H7}{n6}$配合的钻套孔，其孔的定位尺寸是______。件 3 钻套的材料是______，主要作用是______、______、______、______。图中双点画线表示______件，属于______画法。

4）件 1 底座上有______个圆弧槽，其作用是______，底座与被加工件的定位尺寸是______。

5）从钻模装配图中可看出，被加工件需钻______个直径为______的孔。

6）尺寸 $\phi 26\ \frac{H7}{n6}$是件______和件______零件的______尺寸，它们属于______制的______

配合，其中 H7 表示______的公差带代号，n6 表示________的公差带代号。

7）该钻模的总体尺寸为__________。

8）被加工件上的孔钻完后，应先旋松件______，再取下件______和件______，被加工件便可拿出。

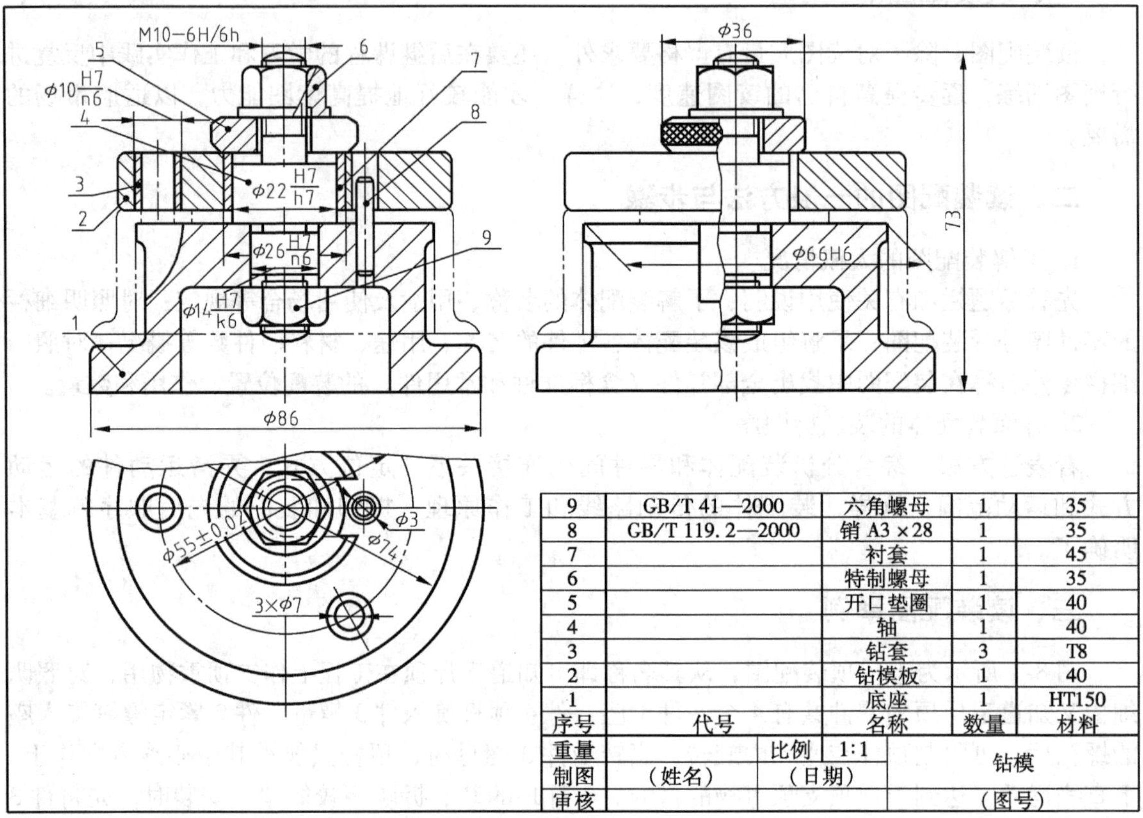

序号	代号	名称	数量	材料
9	GB/T 41—2000	六角螺母	1	35
8	GB/T 119.2—2000	销 A3×28	1	35
7		衬套	1	45
6		特制螺母	1	35
5		开口垫圈	1	40
4		轴	1	40
3		钻套	3	T8
2		钻模板	1	40
1		底座	1	HT150

重量	比例	1:1	钻模
制图	（姓名）	（日期）	
审核			（图号）

图 8-3　钻模套装配图

2. 读折角阀装配图（图 8-4）并回答问题：

1）折角阀由______个零件组成，其中标准件有______个。

2）折角阀的主视图采用了______________画法，其中扳手（件 5）采用了______画法。

3）俯视图中的双点画线是一种________画法，表示__________。

4）图中的 *B—B* 是____________图，主要表达______________。

5）*C* 向是__________图，表示______。件 2 的 *C* 向视图中的两个小圆孔结构的作用是________________。

6）螺塞（件 2）与阀座（件 1）是______联接，扳手（件 5）与阀芯（件 4）是______联接。

7）解释 $\phi18\frac{H8}{m7}$的含义：________________。

8）图中 G½是______尺寸，ϕ142mm 是____尺寸，205mm 是____尺寸，$\phi18\frac{H8}{m7}$是______尺寸。

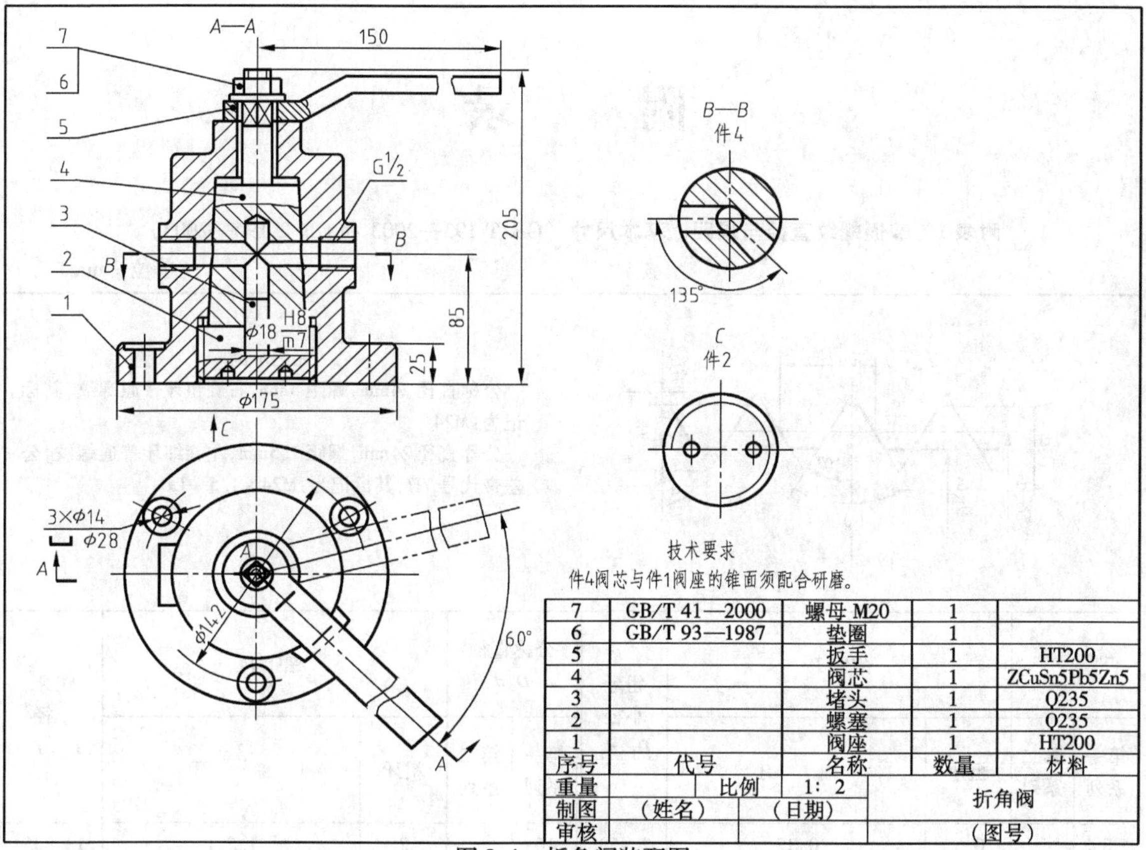

7	GB/T 41—2000	螺母 M20	1	
6	GB/T 93—1987	垫圈	1	
5		扳手	1	HT200
4		阀芯	1	ZCuSn5Pb5Zn5
3		堵头	1	Q235
2		螺塞	1	Q235
1		阀座	1	HT200
序号	代号	名称	数量	材料
重量		比例 1:2	折角阀	
制图	（姓名）	（日期）		
审核			（图号）	

图 8-4　折角阀装配图

钻模套读图参考答案：

1）9，11，2。

2）3，全剖视，局部剖视图，局部剖视图。

3）3，ϕ（55 ±0.02）mm，T8，定位，导向，耐磨，可换，被加工，假想。

4）3，排屑，ϕ66H6。

5）3，ϕ7mm。

6）2，7，配合，基孔，过渡，孔，轴。

7）ϕ86mm、73mm。

8）6，5，2。

折角阀读图参考答案：

1）7，2。

2）几个相交剖切面剖切的全剖视，折断。

3）假想，扳手（件5）在该位置时阀是关闭的。

4）阀芯（件4）的移出剖面图，阀芯内部孔的贯通情况。

5）螺塞（件2）的局部视图，螺塞端面的形状结构，便于装拆螺塞的工艺孔。

6）螺纹，四方。

7）堵头（件3）与阀芯（件4）是基孔制的过盈配合，ϕ18mm 是基本尺寸，H8 是孔的公差带代号，m7 是轴的公差带代号。

8）规格，安装，总体，配合。

附　　录

附表 1　普通螺纹直径与螺距、基本尺寸（GB/T 193—2003 和 GB/T 196—2003）

（单位：mm）

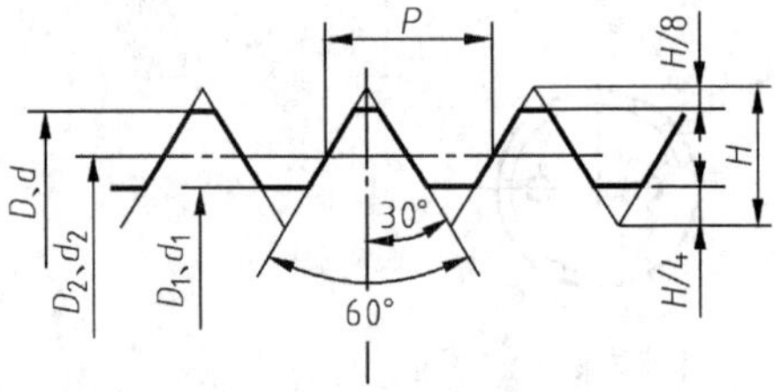

标记示例

公称直径 24mm，螺距 3mm，右旋粗牙普通螺纹，其标记为：M24

公称直径 24mm，螺距 1.5mm，左旋细牙普通螺纹，公差带代号 7H，其标记为：M24×1.5—LH

公称直径 D、d		螺距 P		粗牙小径 D_1、d_1	公称直径 D、d		螺距 P		粗牙小径 D_1、d_1
第一系列	第二系列	粗牙	细　牙		第一系列	第二系列	粗牙	细　牙	
3		0.5	0.35	2.459	16		2	1.5，1	13.835
4		0.7	0.5	3.242		18	2.5	2，1.5，1	15.294
5		0.8		4.134	20				17.294
6		1	0.75	4.917		22			19.294
8		1.25	1，0.75	6.647	24		3	2，1.5，1	20.752
10		1.5	1.25，1，0.75	8.376	30		3.5	(3)，2，1.5，1	26.211
12		1.75	1.25，1	10.106	36		4	3，2，1.5	31.670
	14	2	1.5，1.25*，1	11.835		39			34.670

注：应优先选用第一系列，括号内尺寸尽可能不用，带*号仅用于火花塞。

附表 2　梯形螺纹直径与螺距系列、基本尺寸（GB/T 5796.2—2005、GB/T 5796.3—2005、GB/T 5796.4—2005）

（单位：mm）

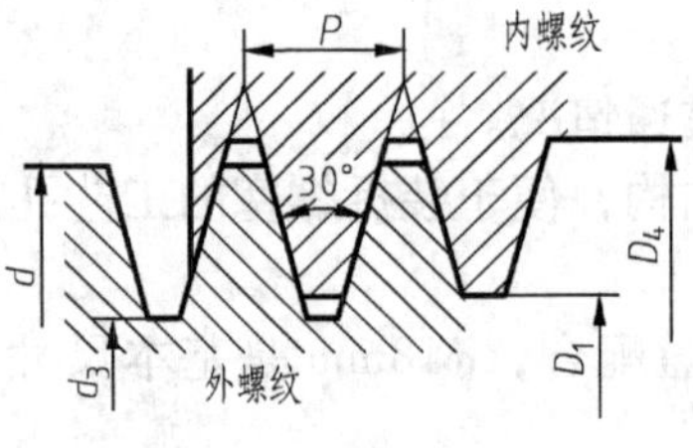

标记示例

公称直径 28mm、螺距 5mm、中径公差带代号为 7H 的单线右旋梯形内螺纹，其标记为 Tr28×5—7H

公称直径 28mm、导程 10mm、螺距 5mm，中径公差带代号为 8e 的双线左旋梯形外螺纹，其标记为 Tr28×10(P5)LH—8e

内外螺纹旋合所组成的螺纹副的标记为 Tr24×8—7H/8e

（续）

公称直径 d		螺距	大径	小　径		公称直径 d		螺距	大径	小　径	
第一系列	第二系列	P	D_4	d_3	D_1	第一系列	第二系列	P	D_4	d_3	D_1
16		2	16.50	13.50	14.00	24		3	24.50	20.50	21.00
		4		11.50	12.00			5		18.50	19.00
	18	2	18.50	15.50	16.00			8	25.00	15.00	16.00
		4		13.50	14.00		26	3	26.50	22.50	23.00
20		2	20.50	17.50	18.00			5		20.50	21.00
		4		15.50	16.00			8	27.00	17.00	18.00
	22	3	22.50	18.50	19.00	28		3	28.50	24.50	25.00
		5		16.50	17.00			5		22.50	23.00
		8	23.00	13.00	14.00			8	29.00	19.00	20.00

注：螺纹公差带代号：外螺纹有9c、8c、8e、7e；内螺纹有9H、8H、7H。

附表3　55°非密封管螺纹尺寸代号及基本尺寸（GB/T 7307—2001）　（单位：mm）

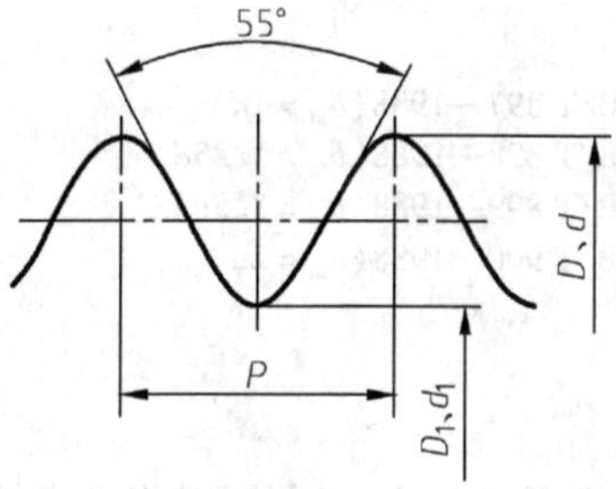

标记示例

尺寸代号为½的A级右旋外螺纹的标记为：G½A

尺寸代号为1/2的B级左旋外螺纹的标记为：G½B—LH

尺寸代号为1/2的右旋内螺纹的标记为：G½

尺寸代号	每25.4mm内的牙数 n	螺距 P/mm	大径 $D=d$/mm	小径 $D_1=d_1$/mm	基准距离/mm
1/4	19	1.337	13.157	11.445	6
3/8	19	1.337	16.662	14.950	6.4
1/2	14	1.814	20.955	18.631	8.2
3/4	14	1.814	26.441	24.117	9.5
1	11	2.309	33.249	30.291	10.4
1¼	11	2.309	41.910	38.952	12.7
1½	11	2.309	47.803	44.845	12.7
2	11	2.309	59.614	56.656	15.9

附表4　六角头螺栓　（单位：mm）

六角头螺栓—A和B级（GB/T 5782—2000）

六角头螺栓—全螺纹（GB/T 5783—2000）

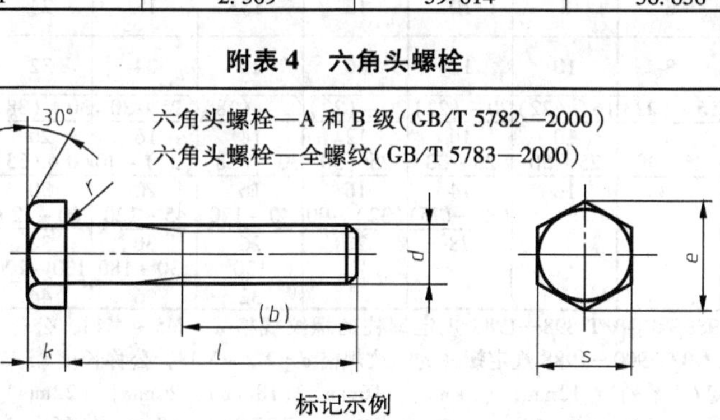

标记示例

螺纹规格 d = M12、公称长度 l = 80mm、性能等级为8.8级、表面氧化、A级的六角螺栓，其标记为：

螺栓　GB/T 5782 M12×80

（续）

螺纹规格 d		M3	M4	M5	M6	M8	M10	M12	M16	M20	M24	M30	M36
s		5.5	7	8	10	13	16	18	24	30	36	46	55
k		2	2.8	3.5	4	5.3	6.4	7.5	10	12.5	15	18.7	22.5
r		0.1	0.2	0.2	0.25	0.4	0.4	0.6	0.6	0.6	0.8	1	1
e	A	6.01	7.66	8.79	11.05	14.38	17.77	20.03	26.75	33.53	39.98	—	—
	B	5.88	7.50	8.63	10.89	14.20	17.59	19.85	26.17	32.95	39.55	50.85	51.11
(b) GB/T 5782	$l \leqslant 125$	12	14	16	18	22	26	30	38	46	54	66	—
	$125 < l \leqslant 200$	18	20	22	24	28	32	36	44	52	60	72	84
	$l > 200$	31	33	35	37	41	45	49	57	65	73	85	97
l 范围（GB/T 5782）		20～30	25～40	25～50	30～60	40～80	45～100	50～120	65～160	80～200	90～240	110～300	140～360
l 范围（GB/T 5783）		6～30	8～40	10～50	12～60	16～80	20～100	25～120	30～150	40～150	50～150	60～200	70～200
l 系列		6,8,10,12,16,20,25,30,35,40,45,50,55,60,65,70,80,90,100,110,120,130,140,150,160,180,200,220,240,260,280,300,320,340,360,380,400,420,440,460,480,500											

附表 5　双头螺柱

（单位：mm）

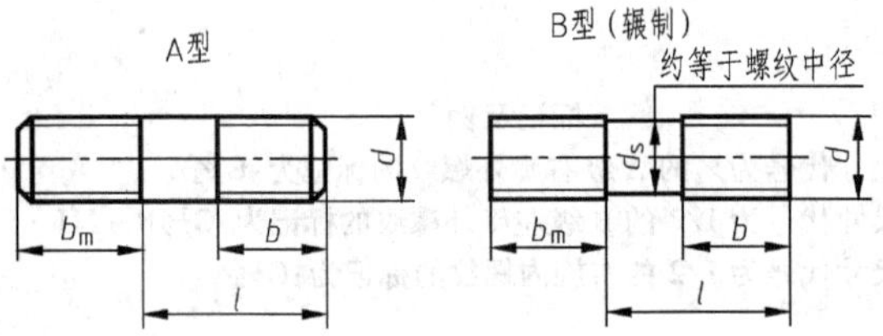

GB/T 897—1988（$b_m = 1d$）
GB/T 898—1988（$b_m = 1.25d$）
GB/T 899—1988（$b_m = 1.5d$）
GB/T 900—1988（$b_m = 2d$）

标记示例

两端均为粗牙普通螺纹，$d = 10$mm、$l = 50$mm、性能等级为 4.8 级、不经表面处理、B 型、$b_m = 1d$ 的双头螺柱，其标记为：

螺柱　GB/T 897　M10 × 50

若为 A 型，则标记为：

螺柱　GB/T 897　AM10 × 50

螺纹规格 d		M3	M4	M5	M6	M8	M10	M12	M16	M20	M24
b_m 公称	GB/T 897—1988			5	6	8	10	12	16	20	24
	GB/T 898—1988			6	8	10	12	15	20	25	30
	GB/T 899—1988	4.5	6	8	10	12	15	18	24	30	36
	GB/T 900—1988	6	8	10	12	16	20	24	32	40	48
$\frac{l}{b}$		16～20/6 (22)～40/12	16～(22)/8 25～40/14	16～(22)/10 25～50/16	20～(22)/10 25～30/14 (32)～(75)/18	20～(22)/12 25～30/16 (32)～90/22	23～(28)/14 30～(38)/16 40～120/26 130/32	25～30/16 (32)～40/20 45～120/30 130～180/36	30～(38)/20 40～(55)/30 60～120/38 130～200/44	35～40/25 (45)～(65)/35 70～120/46 130～200/52	45～50/30 (55)～(75)/45 80～120/54 130～200/60

注：1. GB/T 897—1988 和 GB/T 898—1988 规定螺柱的螺纹规格 d = M5 ~ M48，公称长度 $l = 16 \sim 300$mm；GB/T 899—1988 和 GB/T 900—1988 规定螺柱的螺纹规格 d = M2 ~ M48，公称长度 $l = 12 \sim 300$mm。

2. 螺柱公称长度 l（系列）：12mm，（14mm），16mm，（18mm），20mm，（22mm），25mm，（28mm），30mm，（32mm），35mm，（38mm），40mm，45mm，50mm，（55mm），60mm，（65mm），70mm，（75mm），80mm，（85mm），90mm，（95mm），100 ~ 260mm（10 进位），280mm，300mm，尽可能不采用括号内的数值。

3. 材料为钢的螺柱性能等级有 4.8、5.8、6.8、8.8、10.9、12.9 级，其中 4.8 级为常用。

附表 6　Ⅰ型六角螺母（GB/T 6170—2000）　　　　（单位：mm）

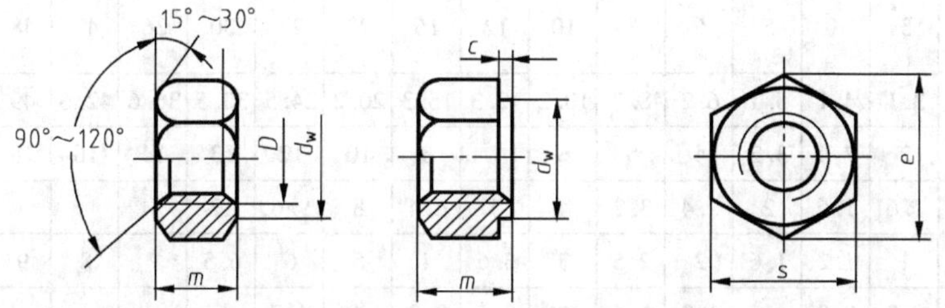

标记示例

螺纹规格 D = M12、性能等级为 8 级、不经表面处理、产品等级为 A 级的Ⅰ型六角螺母，其标记为：

螺母　GB/T 6170　M12

螺纹规格 d		M3	M4	M5	M6	M8	M10	M12	M16	M20	M24	M30	M36
e	(min)	6.01	7.66	8.79	11.05	14.38	17.77	20.03	26.75	32.95	39.55	50.85	60.79
s	(max)	5.5	7	8	10	13	16	18	24	30	36	46	55
	(min)	5.32	6.78	7.78	9.78	12.73	15.73	17.73	23.67	29.16	35	45	53.8
c	(max)	0.4	0.4	0.5	0.5	0.6	0.6	0.6	0.8	0.8	0.8	0.8	0.8
d_w	(max)	4.6	5.9	6.9	8.9	11.6	14.6	16.6	22.5	27.7	33.2	42.7	51.1
	(min)	3.45	4.6	5.75	6.75	8.75	10.8	13	17.3	21.6	25.9	32.4	38.9
m	(max)	2.4	3.2	4.7	5.2	6.8	8.4	10.8	14.8	18	21.5	25.6	31
	(min)	2.15	2.9	4.4	4.9	6.44	8.04	10.37	14.1	16.9	20.2	24.3	29.4

附表 7　平垫圈—A 级（GB/T 97.1—2002）、平垫圈倒角型—A 级（GB/T 97.2—2002）

（单位：mm）

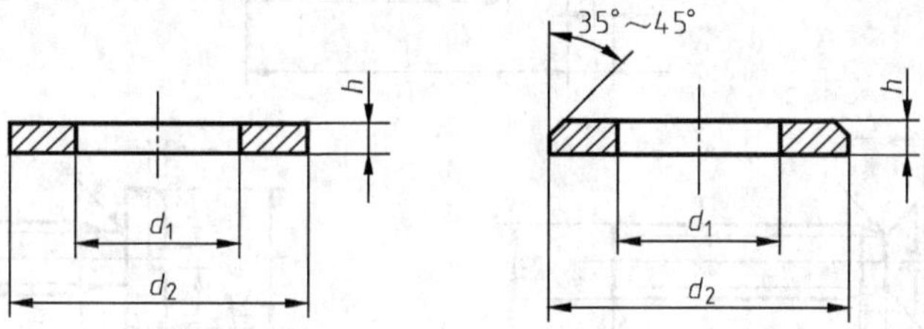

标记示例

标准系列，公称规格 8mm，由钢制造的硬度等级为 200HV 级、不经表面处理、产品等级为 A 级的平垫圈，其标记为：

垫圈　GB/T 97.18

公称规格（螺纹大径 d）	2	2.5	3	4	5	6	8	10	12	14	16	20	24	30
内径 d_1	2.2	2.7	3.2	4.3	5.3	6.4	8.4	10.5	13	15	17	21	25	31
外径 d_2	5	6	7	9	10	12	16	20	24	28	30	37	44	56
厚度 h	0.3	0.5	0.5	0.8	1	1.6	1.6	2	2.5	2.5	3	3	4	4

附表 8　标准型弹簧垫圈（GB/T 93—1987）、轻型弹簧垫圈（GB/T 859—1987）

（单位：mm）

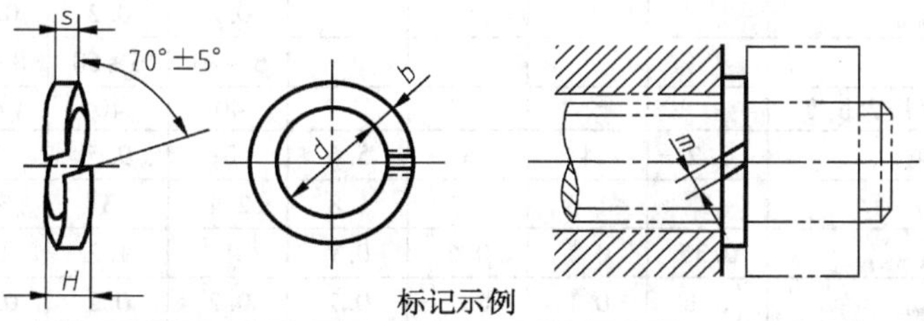

标记示例

公称直径 16mm、材料为 65Mn、表面氧化的标准型弹簧垫圈，其标记为：

垫圈　GB/T 93　16

（续）

规格(螺纹大径)		2	2.5	3	4	5	6	8	10	12	16	20	24	30	36	42	48
d		2.1	2.6	3.1	4.1	5.1	6.2	8.2	10.2	12.3	16.3	20.2	24.5	30.5	36.6	42.6	49
H	GB/T 93—1987	1.2	1.6	2	2.4	3.2	4	5	6	7	8	10	12	13	14	16	18
	GB/T 859—1987	1	1.2	1.6	1.6	2	2.4	3.2	4	5	6.4	8	9.6	12			
$S(b)$	GB/T 93—1987	0.6	0.8	1	1.2	1.6	2	2.5	3	3.5	4	5	6	6.5	7	8	9
S	GB/T 859—1987	0.5	0.6	0.8	0.8	1	1.2	1.6	2	2.5	3.2	4	4.8	6			
$m \leqslant$	GB/T 93—1987	0.4		0.5	0.6	0.8	1	1.2	1.5	1.7	2	2.5	3	3.2	3.5	4	4.5
	GB/T 859—1987	0.3		0.4		0.5	0.6	0.8	1	1.2	1.6	2	2.4	3			
b	GB/T 859—1987	0.8		1	1.2		1.6	2	2.5	3.5	4.5	5.5	6.5	8			

附表9　开槽圆柱头螺钉（GB/T 65—2000）、开槽沉头螺钉（GB/T 68—2000）、开槽盘头螺钉（GB/T 67—2000）　　（单位：mm）

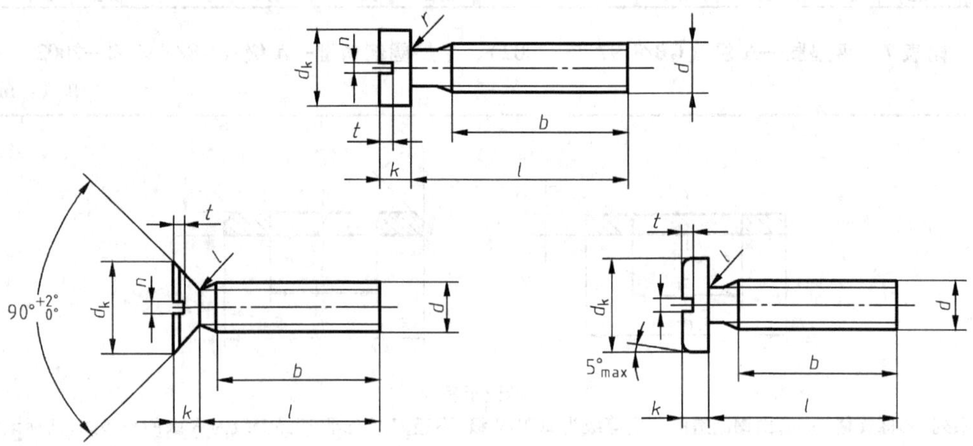

标记示例

螺纹规格 d = M5，公称长度 l = 20mm、性能等级为4.8级、不经表面处理的A级开槽圆柱头螺钉，其标记为：

螺钉　GB/T　65　M5×20

螺纹规格 d		M1.6	M2	M2.5	M3	M4	M5	M6	M8	M10
GB/T 65—2000	d_k					7	8.5	10	13	16
	k					2.6	3.3	3.9	5	6
	t_{min}					1.1	1.3	1.6	2	2.4
	r_{min}					0.2	0.2	0.25	0.4	0.4
	l					5~40	6~50	8~60	10~80	12~80
	全螺纹时最大长度					40	40	40	40	40
GB/T 67—2000	d_k	3.2	4	5	5.6	8	9.5	12	16	23
	k	1	1.3	1.5	1.8	2.4	3	3.6	4.8	6
	t_{min}	0.35	0.5	0.6	0.7	1	1.2	1.4	1.9	2.4
	r_{min}	0.1	0.1	0.1	0.1	0.2	0.2	0.25	0.4	0.4
	l	2~16	2.5~20	3~25	4~30	5~40	6~50	8~60	10~80	12~80
	全螺纹时最大长度	30	30	30	30	40	40	40	40	40

（续）

螺纹规格 d		M1.6	M2	M2.5	M3	M4	M5	M6	M8	M10
GB/T 68—2000	d_k	3	3.8	4.7	5.5	8.4	9.3	11.3	15.8	18.5
	k	1	1.2	1.5	1.65	2.7	2.7	3.3	4.65	5
	t_{min}	0.32	0.4	0.5	0.6	1	1.1	1.2	1.8	2
	r_{min}	0.4	0.5	0.6	0.8	1	1.3	1.5	2	2.5
	l	2.5～16	3～20	4～25	5～30	6～40	8～50	8～60	10～80	12～80
	全螺纹时最大长度	30	30	30	30	45	45	45	45	45
n		0.4	0.5	0.6	0.8	1.2	1.2	1.6	2	2.5
b_{min}		25				38				
l 系列		2、2.5、3、4、5、6、8、10、12、(14)、16、20、25、30、35、40、45、50、(55)、60、(65)、70、(75)、80								

附表 10　圆柱销　不淬硬钢和奥氏体不锈钢（GB/T 119.1—2000）、圆柱销　淬硬钢和马氏体不锈钢（GB/T 119.2—2000）　　（单位：mm）

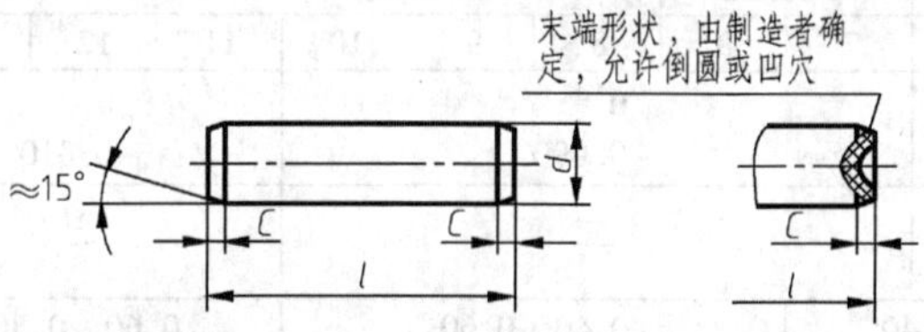

标记示例

公称直径 $d=6$mm、公差 m6、公称长度 $l=30$mm、材料为钢、不经淬火、不经表面处理的圆柱销，其标记为：

销　GB/T 119.1　6m6×30

公称直径 $d=6$mm、公称长度 $l=30$mm、材料为钢、普通淬火（A 型）、表面氧化处理的圆柱销，其标记为：

销　GB/T 119.2　6×30

公称直径 d		3	4	5	6	8	10	12	16	20	25	30	40	50
c≈		0.50	0.63	0.80	1.2	1.6	2.0	2.5	3.0	3.5	4.0	5.0	6.3	8.0
公称长度 l	GB/T 119.1	8～30	8～40	10～50	12～60	14～80	18～95	22～140	26～180	35～200	50～200	60～200	80～200	95～200
	GB/T 119.2	8～30	10～40	12～50	14～60	18～80	22～100	26～100	40～100	50～100	—	—	—	—
l 系列		8，10，12，14，16，18，20，22，24，26，28，30，32，35，40，45，50，55，60，65，70，75，80，85，90，95，100，120，140，160，180，200												

注：1. GB/T 119.1—2000 规定圆柱销的公称直径 $d=0.6\sim50$mm，公称长度 $l=2\sim200$mm，公差有 m6 和 h8。

2. GB/T 119.2—2000 规定圆柱销的公称直径 $d=1\sim20$mm，公称长度 $l=3\sim100$mm，公差仅有 m6。

3. 当圆柱销公差为 h8 时，其表面粗糙度 $Ra\leqslant1.6\mu m$。

附表 11　圆锥销（GB/T 117—2000）　　（单位：mm）

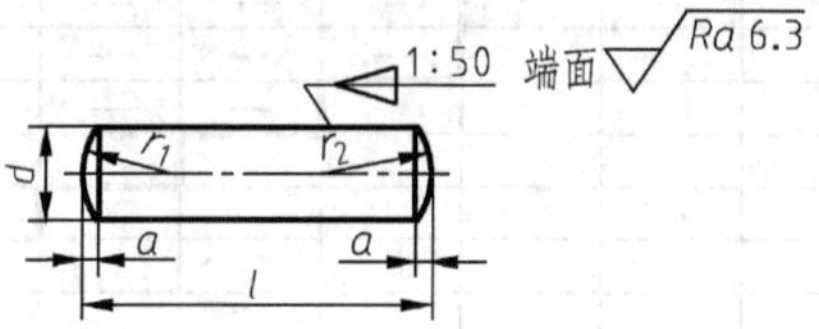

$$r_1\approx d\quad r_2\approx d+\frac{a}{2}+\frac{(0.02l)^2}{8a}$$

标记示例

公称直径 $d=10$mm、公称长度 $l=60$mm、材料为 35 钢、热处理硬度 28～38HRC、表面氧化处理的 A 型圆锥销，其标记为：

销　GB/T 117　10×60

公称直径 d	4	5	6	8	10	12	16	20	25	30	40	50
a≈	0.5	0.63	0.8	1	1.2	1.6	2	2.5	3	4	5	6.3
公称长度 l	14～55	18～60	22～90	22～120	26～160	32～180	40～200	45～200	50～200	55～200	60～200	65～200
l 系列	2，3，4，5，6，8，10，12，14，16，18，20，22，24，26，28，30，32，35，40，45，50，55，60，65，70，75，80，85，90，95，100，120，140，160，180，200											

注：1. 标准规定圆锥销的公称直径 $d=0.6\sim50$mm。

2. 有 A 型和 B 型。A 型为磨削，锥面表面粗糙度值为 $Ra0.8\mu m$；B 型为切削或冷镦，锥面粗糙度值为 $Ra3.2\mu m$。

附表 12　普通型平键的尺寸与公差（GB/T 1096—2003）　（单位：mm）

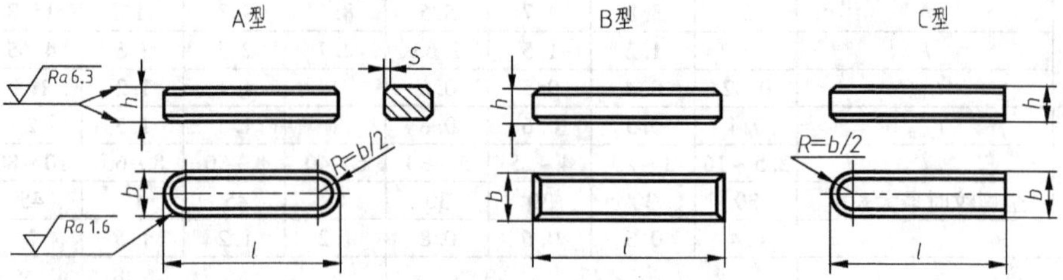

标记示例

普通 A 型平键、$b=18$mm、$h=11$mm、$l=100$mm：GB/T 1096　键　18×11×100

普通 B 型平键、$b=18$mm、$h=11$mm、$l=100$mm：GB/T 1096　键　B　18×11×100

普通 C 型平键、$b=18$mm、$h=11$mm、$l=100$mm：GB/T 1096　键　C　18×11×100

宽度 *b*	基本尺寸	2	3	4	5	6	8	10	12	14	16	18	20	22
	极限偏差（h8）	0 -0.014		0 -0.018			0 -0.022		0 -0.027				0 -0.033	
高度（*h*）	基本尺寸	2	3	4	5	6	7	8	8	9	10	11	12	14
	极限偏差 矩形（h11）	—		—			0 -0.090					0 -0.010		
	极限偏差 方形（h8）	0 -0.014		0 -0.018			—					—		
倒角或圆角 *s*		0.16～0.25			0.25～0.40			0.40～0.60				0.60～0.80		
长度 *l* 基本尺寸	极限偏差（h14）													
6	0 -0.36			—	—	—	—	—	—	—	—	—	—	—
8					—	—	—	—	—	—	—	—	—	—
10						—	—	—	—	—	—	—	—	—
12	0 -0.48					—	—	—	—	—	—	—	—	—
14							—	—	—	—	—	—	—	—
16							—	—	—	—	—	—	—	—
18								—	—	—	—	—	—	—
20	0 -0.52							—	—	—	—	—	—	—
22		—			标准				—	—	—	—	—	—
25		—							—	—	—	—	—	—
28		—								—	—	—	—	—
32	0 -0.62	—								—	—	—	—	—
36		—									—	—	—	—
40		—	—								—	—	—	—
45		—	—				长度					—	—	—
50		—	—	—									—	—
56	0 -0.74	—	—	—										—
63		—	—	—	—									
70		—	—	—	—									
80		—	—	—	—	—								
90	0 -0.87	—	—	—	—	—				范围				
100		—	—	—	—	—	—							
110		—	—	—	—	—	—							
125	0 -1.00	—	—	—	—	—	—	—						
140		—	—	—	—	—	—	—						
160		—	—	—	—	—	—	—	—					
180		—	—	—	—	—	—	—	—	—				
200	0 -1.15	—	—	—	—	—	—	—	—	—	—			
220		—	—	—	—	—	—	—	—	—	—	—		
250		—	—	—	—	—	—	—	—	—	—	—	—	

附表13　普通平键键槽的尺寸与公差（GB/T 1095—2003）　　（单位：mm）

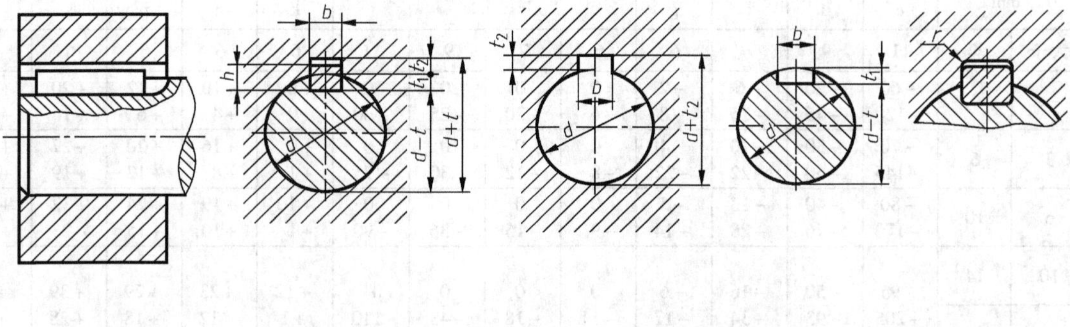

注：在工作图中，轴槽深用 t_1 或（$d-t_1$）标注，轮毂槽深用（$d+t_2$）标注。

轴的直径 d	键尺寸 $b \times h$	键槽 宽度 b 公称尺寸	极限偏差 正常联接 轴 N9	正常联接 毂 JS9	紧密联接 轴和毂 P9	松联接 轴 H9	松联接 毂 D10	深度 轴 t_1 公称尺寸	轴 t_1 极限偏差	毂 t_2 公称尺寸	毂 t_2 极限偏差	半径 r min	半径 r max
自6~8	2×2	2	-0.004 -0.029	±0.0125	-0.006 -0.031	+0.025 0	+0.060 +0.020	1.2	+0.1 0	1	+0.1 0	0.08	0.16
>8~10	3×3	3						1.8		1.4			
>10~12	4×4	4	0 -0.030	±0.015	-0.012 -0.042	+0.030 0	+0.078 +0.030	2.5		1.8			
>12~17	5×5	5						3.0		2.3			
>17~22	6×6	6						3.5		2.8		1.16	0.25
>22~30	8×7	8	0 -0.036	±0.018	-0.015 -0.051	+0.036 0	+0.098 +0.040	4.0	+0.2 0	3.3	+0.2 0		
>30~38	10×8	10						5.0		3.3			
>38~44	12×8	12	0 -0.043	±0.026	+0.018 -0.061	+0.043 0	+0.120 +0.050	5.0		3.3			
>44~50	14×9	14						5.5		3.8		0.25	0.40
>50~58	16×10	16						6.0		4.3			
>58~65	18×11	18						7.0		4.4			
>65~75	20×12	20	0 -0.052	±0.031	+0.022 -0.074	+0.052 0	+0.149 +0.065	7.5		4.9			
>75~85	22×14	22						9.0		5.4			
>85~95	25×14	25						9.0		5.4		0.40	0.60
>95~110	28×16	28						10.0		6.4			
>110~130	32×18	32	0 -0.062	±0.037	-0.026 -0.088	+0.062 0	+0.180 +0.080	11.0		7.4			
>130~150	36×20	36						12.0	+0.3 0	8.4	+0.3 0	0.70	1.0
>150~170	40×22	40						13.0		9.4			
>170~200	45×25	45						15.0		10.4			

注：1.（$d-t_1$）和（$d+t_2$）两组组合尺寸的极限偏差按相应的 t_1 和 t_2 的极限偏差选取，但（$d-t_1$）极限偏差应取负号（－）。

2. 轴的直径不在本标准所列，仅供参考。

附表 14　优先配合中轴的极限偏差（GB/T 1800.2—2009）

公称尺寸/mm		公差带/μm												
		c	d	f	g	h				k	n	p	s	u
大于	至	11	9	7	6	6	7	9	11	6	6	6	6	6
—	3	−60 −120	−20 −45	−6 −16	−2 −8	0 −6	0 −20	0 −25	0 −60	+6 0	+10 +4	+12 +6	+20 +14	+24 +18
3	6	−70 −145	−30 −60	−10 −22	−4 −22	0 −8	0 −12	0 −30	0 −75	+9 +1	+16 +8	+20 +12	+27 +19	+31 +23
6	10	−80 −170	−40 −76	−13 −28	−5 −14	0 −9	0 −15	0 −36	0 −90	+10 +1	+19 +10	+24 +15	+32 +23	+37 +28
10	14	−95 −205	−50 −93	−16 −34	−6 −17	0 −11	0 −18	0 −43	0 −110	+12 +1	+23 +12	+29 +18	+39 +28	+44 +33
14	18													
18	24	−110 −240	−65 −117	−20 −41	−7 −20	0 −13	0 −21	0 −52	0 −130	+15 +2	+28 +15	+35 +22	+48 +35	+54 +41
24	30													+61 +48
30	40	−120 −280	−80 −142	−25 −50	−9 −25	0 −16	0 −25	0 −62	0 −160	+18 +2	+33 +17	+42 +26	+59 +43	+76 +60
40	50	−130 −290												+86 +70
50	65	−140 −330	−100 −174	−30 −60	−10 −29	0 −19	0 −30	0 −74	0 −190	+21 +2	+39 +20	+51 +32	+72 +53	+106 +87
65	80	−150 −340											+78 +59	+121 +102
80	100	−170 −390	−120 −207	−36 −71	−12 −34	0 −22	0 −35	0 −87	0 −220	+25 +3	+45 +23	+59 +37	+93 +71	+146 +124
100	120	−180 −400											+101 +79	+166 +144
120	140	−200 −450	−145 −245	−43 −83	−14 −39	0 −25	0 −40	0 −100	0 −250	+28 +3	+52 +27	+68 +43	+117 +92	+195 +170
140	160	−210 −460											+125 +100	+215 +190
160	180	−230 −480											+133 +108	+235 +210
180	200	−240 −530	−170 −285	−50 −96	−15 −44	0 −29	0 −46	0 −115	0 −290	+33 +4	+60 +31	+79 +50	+151 +122	+265 +236
200	225	−260 −550											+159 +130	+287 +258
225	250	−280 −570											+169 +140	+313 +284
250	280	−300 −620	−190 −320	−56 −108	−17 −49	0 −32	0 −52	0 −130	0 −320	+36 +4	+66 +34	+88 +56	+190 +158	+347 +345
280	315	−330 −650											+202 +170	+382 +350
315	355	−360 −720	−210 −350	−62 −119	−18 −54	0 −36	0 −57	0 −140	0 −360	+40 +4	+73 +37	+98 +62	+226 +190	+426 +390
355	400	−400 −760											+244 +208	+471 +435
400	450	−440 −840	−230 −385	−68 −131	−20 −60	0 −40	0 −63	0 −155	0 −400	+45 +5	+80 +40	+108 +68	+272 +232	+530 +490
450	500	−480 −880											+292 +252	+580 +540

附表15　孔的极限偏差（GB/T 1800.2—2009）

公称尺寸/mm		公差带/μm																	
		C	D	F	G	H									K	N	P	S	U
大于	至	11	9	8	7	5	6	7	8	9	10	11	12	13	7	9	7	7	7
—	3	+120 +60	+45 +20	+20 +6	+12 +2	+4 0	+6 0	+10 0	+14 0	+25 0	+40 0	+60 0	+100 0	+140 0	0 -10	-4 -29	-6 -16	-14 -24	-18 -28
3	6	+115 +70	+60 +30	+28 +10	+16 +4	+5 0	+8 0	+12 0	+18 0	+30 0	+48 0	+75 0	+120 0	+180 0	+3 -9	0 -30	-8 -20	-15 -27	-19 -31
6	10	+170 +80	+76 +40	+35 +13	+20 +5	+6 0	+9 0	+15 0	+22 0	+36 0	+58 0	+90 0	+150 0	+220 0	+5 -10	0 -36	-9 -24	-17 -32	-22 -37
10	14	+205 +95	+93 +50	+43 +16	+24 +6	+8 0	+11 0	+18 0	+27 0	+43 0	+70 0	+110 0	+180 0	+270 0	+6 -12	0 -43	-11 -29	-21 -39	-26 -44
14	18																		
18	24	+240 +110	+117 +65	+53 +20	+28 +7	+9 0	+13 0	+21 0	+33 0	+52 0	+84 0	+130 0	+210 0	+330 0	+6 -15	0 -52	-14 -35	-27 -48	-33 -54
24	30																		-40 -61
30	40	+280 +120	+142 +80	+64 +25	+34 +9	+11 0	+16 0	+25 0	+39 0	+62 0	+100 0	+160 0	+250 0	+390 0	+7 -18	0 -62	-17 -42	-34 -59	-51 -75
40	50	+290 +130																	-61 -86
50	65	+330 +140	+170 +100	+76 +30	+40 +10	+13 0	+19 0	+30 0	+46 0	+74 0	+120 0	+190 0	+300 0	+460 0	+9 -21	0 -74	-21 -51	-42 -72	-76 -106
65	80	+340 +150																-48 -78	-91 -121
80	100	+390 +170	+207 +120	+90 +36	+47 +12	+15 0	+22 0	+35 0	+54 0	+87 0	+140 0	+220 0	+350 0	+540 0	+10 -25	0 -87	-24 -59	-58 -93	-111 -146
100	120	+400 +180																-66 -101	-131 -166
120	140	+450 +200	+245 +145	+106 +43	+54 +14	+18 0	+25 0	+40 0	+63 0	+100 0	+160 0	+250 0	+400 0	+630 0	+12 -28	0 -100	-28 -68	-77 -117	-155 -195
140	160	+460 +210																-85 -125	-175 -215
160	180	+480 +230																-93 -133	-195 -235
180	200	+530 +240	+285 +170	+122 +50	+61 +15	+20 0	+29 0	+46 0	+72 0	+115 0	+185 0	+290 0	+460 0	+720 0	+13 -33	0 -115	-33 -79	-105 -151	-219 -265
200	225	+550 +260																-113 -159	-241 -287
225	250	+570 +280																-123 -169	-267 -313
250	280	+620 +300	+320 +190	+137 +56	+69 +17	+23 0	+32 0	+52 0	+81 0	+130 0	+210 0	+320 0	+52 0	+810 0	+16 -36	0 -130	-36 -88	-138 -190	-295 -347
280	315	+650 +330																-150 -202	-330 -382
315	355	+720 +360	+350 +210	+151 +62	+75 +18	+25 0	+36 0	+57 0	+89 0	+140 0	+230 0	+360 0	+570 0	+890 0	+17 -40	0 -140	-41 -98	-169 -226	-369 -426
355	400	+760 +400																-187 -244	-414 -471
400	450	+840 +440	+385 +230	+165 +68	+83 +20	+27 0	+40 0	+63 0	+97 0	+155 0	+250 0	+400 0	+630 0	+970 0	+18 -45	0 -155	-45 -108	-209 -272	-467 -530
450	500	+880 +480																-229 -292	-517 -580

附表 16　轴的极限偏差（GB/T 1800.2—2009）

公称尺寸/mm		公差带/μm																							
		e		f					g			h								js			k		
大于	至	8	9	5	6	7	8	9	5	6	7	5	6	7	8	9	10	11	12	5	6	7	5	6	7
—	3	-14 -28	-14 -39	-6 -10	-6 -12	-6 -16	-6 -20	-6 -31	-2 -6	-2 -8	-2 -12	0 -4	0 -6	0 -10	0 -14	0 -25	0 -40	0 -60	0 -100	±2	±3	±5	+4 0	+6 0	+10 0
3	6	-20 -38	-20 -50	-10 -15	-10 -18	-10 -22	-10 -28	-10 -40	-4 -9	-4 -12	-4 -16	0 -5	0 -8	0 -12	0 -18	0 -30	0 -48	0 -75	0 -120	±2.5	±4	±6	+6 +1	+9 +1	+13 +1
6	10	-25 -47	-25 -61	-13 -19	-13 -22	-13 -28	-13 -25	-13 -49	-5 -11	-5 -14	-5 -20	0 -6	0 -9	0 -15	0 -22	0 -36	0 -58	0 -90	0 -150	±3	±4.5	±7	+7 +1	+10 +1	+16 +1
10	14	-32 -59	-32 -75	-16 -24	-16 -27	-16 -34	-16 -43	-16 -59	-6 -14	-6 -17	-6 -24	0 -8	0 -11	0 -18	0 -27	0 -43	0 -70	0 -110	0 -180	±4	±5.5	±9	+9 +1	+12 +1	+19 +1
14	18																								
18	24	-40 -73	-40 -92	-20 -29	-20 -33	-20 -41	-20 -53	-20 -72	-7 -16	-7 -20	-7 -28	0 -9	0 -13	0 -21	0 -33	0 -52	0 -84	0 -130	0 -210	±4.5	±6.5	±10	+11 +2	+15 +2	+23 +2
24	30																								
30	40	-50 -89	-50 -112	-25 -36	-25 -41	-25 -50	-25 -64	-25 -87	-9 -20	-9 -25	-9 -34	0 -11	0 -16	0 -25	0 -39	0 -62	0 -100	0 -160	0 -250	±5.5	±8	±12	+13 +2	+18 +2	+27 +2
40	50																								
50	65	-60 -106	-60 -134	-30 -43	-30 -49	-30 -60	-30 -76	-30 -104	-10 -23	-10 -29	-10 -40	0 -13	0 -19	0 -30	0 -46	0 -74	0 -120	0 -190	0 -300	±6.5	±9.5	±15	+15 +2	+21 +2	+32 +2
65	80																								
80	100	-72 -126	-72 -159	-36 -51	-36 -58	-36 -71	-36 -90	-36 -123	-12 -27	-12 -34	-12 -47	0 -15	0 -22	0 -35	0 -54	0 -87	0 -140	0 -220	0 -350	±7.5	±11	±17	+18 +3	+25 +3	+38 +3
100	120																								
120	140	85 -148	-85 -185	-43 -61	-43 -68	-43 -83	-43 -106	-43 -143	-14 -32	-14 -39	-14 -54	0 -18	0 -25	0 -40	0 -63	0 -100	0 -160	0 -250	0 -400	±9	±12.5	±20	+21 +3	+28 +3	+43 +3
140	160																								
160	180																								
180	200	-100 -172	-100 -215	-50 -70	-50 -79	-50 -96	-50 -122	-50 -165	-50 -35	-15 -44	-15 -61	0 -20	0 -29	0 -46	0 -72	0 -115	0 -185	0 -290	0 -460	±10	±14.5	±23	+24 +4	+33 +4	+50 +4
200	225																								
225	250																								
250	280	-110 -191	-110 -240	-56 -79	-56 -88	-56 -108	-56 -137	-56 -186	-17 -40	-17 -49	-17 -69	0 -23	0 -32	0 -52	0 -81	0 -130	0 -210	0 -320	0 -520	±11.5	±16	±26	+27 +4	+36 +4	+56 +4
280	315																								
315	355	-125 -214	-125 -265	-62 -87	-62 -98	-62 -119	-62 -151	-62 -202	-18 -43	-18 -54	-18 -75	0 -25	0 -36	0 -57	0 -89	0 -140	0 -230	0 -360	0 -570	±12.5	±18	±28	+29 +4	+40 +4	+61 +4
355	400																								
400	450	-135 -232	-135 -290	-68 -95	-68 -108	-68 -131	-68 -165	-68 -223	-20 -47	-20 -60	-20 -83	0 -27	0 -40	0 -63	0 -97	0 -155	0 -250	0 -400	0 -630	±13.5	±20	±31	+32 +5	+45 +5	+68 +5
450	500																								

附表 17　铁及铁合金

牌号	使用举例	说　明
1. 灰铸铁、工程用铸钢		
HT150 HT200 HT350	中强度铸铁:底座、刀架、轴承座、端盖 高强度铸铁:床身、机座、凸轮、联轴器、机座、箱体、支架	"HT"表示灰铸铁,后面的数字表示最小抗拉强度(MPa)
ZG230—450 ZG310—570	各种形状的机件、齿轮、重负荷机架	"ZG"表示铸钢,第一组数字表示屈服强度(MPa)最低值,第二组数字表示抗拉强度(MPa)最低值
2. 碳素结构钢、优质碳素结构钢		
Q215 Q235 Q255 Q275	受力不大的螺钉、轴、凸轮、焊件等 螺栓、螺母、拉杆、钩、连杆、轴、焊件 金属构造物中的一般机件、拉杆、轴、焊件 重要的螺钉、拉杆、钩、连杆、轴、销、齿轮	"Q"表示钢的屈服点,数字为屈服点数值(MPa),同一钢号下分质量等级,用 A、B、C、D 表示质量依次下降,如 Q235A
30 35 40 45 65Mn	曲轴、轴销、连杆、横梁 曲轴、摇杆、拉杆、键、销、螺栓 齿轮、齿条、凸轮、曲柄轴、链轮 齿轮轴、联轴器、衬套、活塞销、链轮 大尺寸的各种扁、圆弹簧,如座板簧	数字表示钢中平均含碳的质量分数的万分数,例如:"45"表示平均含碳的质量分数为 0.45%,数字依次增大,表示抗拉强度、硬度依次增加,延伸率依次降低。当锰的质量分数在 0.7% ~1.2% 时需注出"Mn"
3. 合金结构钢		
40Cr 20CrMnTi	活塞销,凸轮。用于心部韧性较高的渗碳零件 工艺性好,汽车、拖拉机的重要齿轮,供渗碳处理	钢中加合金元素以增强机构性能,合金元素符号前数字表示碳的质量分数的万分数,符号后数字表示合金元素的质量分数,当质量分数小于 1.5% 时,仅注出元素符号

参考文献

[1] 蒋知民. 怎样识读《机械制图》新标准［M］. 北京：机械工业出版社，2006.
[2] 王志泉，项仁昌. 机械制图与公差［M］. 北京：清华大学出版社，2006.
[3] 李澄，吴天生，闻百桥. 机械制图［M］. 2版. 北京：高等教育出版社，2003.
[4] 钱可强. 机械制图［M］. 北京：高等教育出版社，2004.